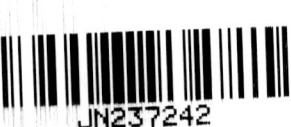

PENGUINS

地球にすむユニークな全19種

藤原幸一

講談社

スーパーバード

1億年前、ペンギンの祖先は大空を飛ぶ鳥だった。そして7000万年前に、ペンギンの祖先は空を飛ぶことをやめてしまった。水中により長くいて大好物の魚を採れるようにと進化したのだ。やがてペンギンは、水中を猛スピードで飛行するスーパーバードになった。

多くの化石が発見され4500万～1800万年前の地球には、2m近い力士のようなペンギンが森で暮らしていたり、長身でスリムなファッションモデルのようなペンギンが登場したり、剣のような長いくちばしを持つペンギンがいたりと、珍奇異色で多種多様なペンギン大繁栄時代があったことがわかっている。その末裔である現在のペンギンたちも種類こそ減ってしまったが、極寒の南極や熱帯ガラパゴス、ニュージーランドの太古の森、さらに荒涼としたアフリカや南米の砂漠でも暮らしている。ぼくが出会った野生のペンギンたちはまさに、たくましいスーパーバードそのものだった。

これまで世界中のペンギンを撮影するために多くの生息地を観察し、ほとんど人間も訪れることもない絶海の孤島や、砂漠のはての海岸で、思いもかけないペンギン生活に出会った。コンブの海から上陸して険しい岩山を足だけで登り、何度も海に転落しながらも山を登りきった勇ましいスネアーズペンギンの大群。南極では目の前で50万羽のアデリーペンギンが、微笑ましいほどにいっせいに愛を奏でていた。白い大陸を腹ばいで2列になって向かってきて、ぼくの横を通り過ぎて行ったエンペラーペンギンの群れに驚くと同時に、そのしなやかな光沢と気品にみちた容姿となめらかな美しい動きに感動した。自然で出会うペンギンたちはみんな輝いていて、神秘的な美しさにみちていることを知った。

写真を撮る時、ぼくはなるべくうつぶせになって、ペンギン目線になったつもりで撮影を試みる。普通に歩いてペンギンに近づくと、たいがい怖がって走り去ろうとしてしまう。でも視線を下げて待っていると、ペンギンたちも徐々に心を開き、「つんつんつん」とぼくの長

靴やカメラケース、しまいにカメラのレンズをつつき始めた。いつのまにかペンギンとぼくとの間にあった深い溝がとり払われ、彼らと会話できるような気になってきた。

日本人が南極のペンギンと出会った最初のエピソードや写真なども、本書のコラムのなかで紹介している。その他にも最近起きたペンギンニュースや最新のペンギン研究を紹介している。

残念なことに、ペンギンたちが暮らしてきた豊かな自然は今、危機的な状況になっている。絶滅危惧種に指定されたペンギンは12種におよび、その他のペンギン7種も、決して安心できる環境で暮らしているわけではない。本書では急速に進むペンギン生息地の破壊や漁業との競合、さらに気候変動によるエサの減少など、地球で人間と共存を強いられるペンギンたちの苦難が書かれている。

「地球からペンギンがいなくなるような環境に、人間がしてしまっている。ペンギンもすめないほど環境破壊が進んだ地球に、ぼくたちの子孫は心地よく暮らしてゆけるのだろうか?」

みんなに愛されるペンギンたちが地球から消え去ろうとしている現状を、少しでも把握していただけたら幸いだ。

最後に、本書でのペンギン和名は英文一般名のカタカナ表記を使用している。過去に使用されていた「皇帝ペンギン」が今では「エンペラーペンギン」に、「王ペンギン」が「キングペンギン」に、「温順ペンギン」が「ジェンツーペンギン」に「キマユペンギン」が「フィヨルドランドペンギン」と、ペンギンにつけられた和名は、歴史とともに英名の音読みに変化してきた。気がつくと今では、ペンギンの半分以上の和名が英名と同じである。ペンギン名を英名で覚えることで、世界中のペンギン研究者や愛好家たちとe-mailやコミュニケーションツールを介して語り合う時代がきているのだと思う。

北半球最大のペンギン生息地・日本にて　　藤原幸一

地球にすむペンギン19種

世界分布図

南極を繁殖地にするペンギンは
5種類だけ。赤道直下や、人間と共生して
街にすむ種などもおり、
意外と広い範囲に生息しています。

I. 島　Is. 諸島

A Adelie Penguin
アデリーペンギン

F Fiordland Penguin
フィヨルドランドペンギン

L Little Penguin
リトルペンギン

S Snares Penguin
スネアーズペンギン

Af African Penguin
アフリカンペンギン

Gl Galapagos Penguin
ガラパゴスペンギン

Mc Macaroni Penguin
マカロニペンギン

Sr Southern Rockhopper Penguin
サウザンロックホッパーペンギン

C Chinstrap Penguin
チンストラップペンギン

G Gentoo Penguin
ジェンツーペンギン

M Magellanic Penguin
マゼラニックペンギン

W White-flippered Penguin
ホワイトフリッパードペンギン

Em Emperor Penguin
エンペラーペンギン

H Humboldt Penguin
フンボルトペンギン

Nr Northern Rockhopper Penguin
ノーザンロックホッパーペンギン

Y Yellow-eyed Penguin
イエローアイドペンギン

Er Erect-crested Penguin
エレクトクレステドペンギン

K King Penguin
キングペンギン

Ry Royal Penguin
ロイヤルペンギン

地球にすむ ペンギン19種

Adelie Penguin

アデリーペンギン

何万年もの年月をかけて棚氷が割れて氷山がつくられる。氷山はアデリーペンギンたちにとって格好の休憩場所だ。一日中漁にでかけて疲れきった体を氷山の上で休ませる。

好奇心旺盛なアデリーペンギンが船の近くまでやってきた。翼を思い切り広げこちらを向いて、まるで「僕のことを撮影して」と言いたげ。

巣での子育てをパートナーと交替して、今度は彼らが海にエサを採りに行く番。海ではナンキョクオキアミをいっぱい捕まえ、お腹にたくさん蓄えて、お腹をすかせたヒナたちの元へ帰る。

真冬の南極で子育てを行い、無事にヒナが大きく成長してきた。このヒナはさらに成長をとげて、12月～1月初めに巣立っていく。

Emperor Penguin
エンペラーペンギン

夏はペンギンにとって衣替えの季節。エンペラーペンギンの羽毛は、真新しい高密度のものに抜け換わる。換羽をしている間は海に入れないので絶食状態になり、体重も半分くらいに減ってしまう重労働だ。

ジェンツーペンギンの繁殖地は南極大陸沿岸のみならず、南極から北に広がる南極海に点在する島々でもみられる。急速な温暖化によって、南極での繁殖地がより寒い高緯度に拡大していく可能性がある。だが、それも彼らがエサとするナンキョクオキアミの増減にかかっている。温暖化によってナンキョクオキアミが激減する可能性も否定できない。

Gentoo Penguin
ジェンツーペンギン

海辺の氷上を巣をめざして歩くジェンツーペンギン。白いヘアバンドと鮮やかなオレンジ色のくちばしは遠くからでも目立ち、体もアデリーやチンストラップよりも一回り以上大きいので、ジェンツーペンギンだとわかる。

氷河を源とする川で体を洗い、川を下って海にでかける。羽毛は水をはじき、泳ぐときに水の抵抗を最小限におさえている。

King Penguin
キングペンギン

後ろにいる親とは似ても似つかないキングペンギンのヒナ。ヒナがまとっている羽毛は幼綿羽とよばれ、やがて抜け落ちて親鳥とほとんど同じ大きさにまで成長し、巣立っていく。ヒナが生まれてくる時期にばらつきがあるため、巣立ちの時期は10月末～4月初めまでと、長期にわたる。

海から内陸に1.5km。サウス・ジョージアに広がる平らなモレーン（氷河堆石）上にキングペンギンたちの桃源郷を発見。

Humboldt Penguin

フンボルトペンギン

フンボルトペンギンは南米大陸の西岸に広く分布している。場所によってはマゼラニックペンギンと混在している地域もある。胸に黒い帯が一本ありアフリカンペンギンに似ているが、胸の帯が太い割には目の上の白い帯がかなり細いので見分けがつく。

砂浜に集ったフンボルトペンギンの親鳥とヒナたち。まるでひなたぼっこを楽しんでいるかのよう。

南極を漂う大きな氷山は、チンストラップペンギンにとって小島のようなものだろう。チンストラップペンギンたちが、氷山に飛び乗り体を休めていた。途方もない年月を刻んできた棚氷の先端が砕け、氷山となり海を漂い始めると、10年ほどで融けてしまう。

Chinstrap Penguin
チンストラップペンギン

まるでモデルさんのように3羽でポーズを決めてくれたチンストラップペンギンたち。まさしく名前のごとく、黒いすじ状の羽毛が「あごひげ」になっている。

イエローアイドペンギンの巣は深い森の中にあった。縄張り意識がとても強く、森の中で互いに見える場所には巣をつくらない。

Yellow-eyed Penguin
イエローアイドペンギン

かつてニュージーランド南島に生息していたイエローアイドペンギンは激減し、絶滅寸前に追いやられている。なぜならペンギンが暮らしていた森は歴史的に人間によって焼き払われ、ヒツジやウシなどの牧場に変えられてしまったからだ。ヒツジたちが広大な牧場で牧草を食べている平和で牧歌的な風景の陰で、数え切れないほどのペンギンたちが生息地を奪われ死んでいった。

Macaroni Penguin
マカロニペンギン

繁殖期が終わり、マカロニペンギンはエサを求めて、時には2000km以上も海を旅する。

お腹いっぱいになって、メスがやってきたにもかかわらず居眠りを始めてしまったマカロニペンギンのオス。

熱帯の赤道直下で暮らす唯一のペンギン、ガラパゴスペンギン。溶岩が固まった真っ黒な玄武岩の窪みに巣をつくり、両親が共同で2羽のヒナを育てる。卵を抱いている時の敵は、グンカンドリや岩場をうろつくガラパゴスベニイワガニ（ペンギンの右側）。カニは卵を巣からけり落とし、割れた卵の中身を食べる。

Galapagos Penguin
ガラパゴスペンギン

魚の群れを求めて、巣の周辺の海で漁を行う。ガラパゴス固有の魚であるブラウン・ストライプド・スナッパーが大好物。エサを採る時は30秒以内の短い潜水を繰り返す。

Magellanic Penguin

マゼラニックペンギン

フォークランド諸島で出会ったマゼラニックペンギンたちは、換羽が終わるのが待ちきれないのか、海に潜りたそうに海岸を散歩していた。

マゼラニックペンギンのつがいはとても仲が良く、巣の周りでお互いのくちばしを使い伴侶の羽づくろいをする。繁殖期になると、婚姻色とよばれる目の周りの裸出した皮膚が、より鮮やかなピンク色になる。

日暮れ前、漁を終えていっせいに海
から繁殖地に戻ってきた。

ノーザンロックホッパーペンギンよりも飾り羽が短く、四角張った頭をしている。

Southern Rockhopper Penguin

サウザンロックホッパーペンギン

営巣地がある山から下りてきて、コンブの海へ飛び込むサウザンロックホッパーペンギン。

ノーザンロックホッパーペンギンは体が大きく、黄色の飾り羽がとても長い。

Northern Rockhopper Penguin
ノーザンロックホッパーペンギン

南大西洋にあるトリスタン・ダ・クーニャグループ、ゴーフ島など7つの島に生息。さらにインド洋ではセント・ポール島、アムステルダム島などにも生息している。

「南極海で最も孤独な島」とよばれるアンティポデス諸島。崖の岩棚に営巣地をつくって繁殖している。体長はサウザンロックホッパーペンギンよりも頭一つ分大きい。

Erect-crested Penguin
エレクトクレステドペンギン

Fiordland Penguin

フィヨルドランドペンギン

ニュージーランド南島南西沖の海から営巣地に帰ってきたフィヨルドランドペンギン。

ヒナが待つ薄暗く深い森の奥へ1時間もかけて登っていく。途中小川を泳いで上流をめざしたり、森の中では蚊の大群に襲われたりする。スネアースペンギンにとても近い種類だが、頬に白い羽毛の線が見え隠れするので見分けることができる。

Little Penguin
リトルペンギン

夜明け前に海に入り漁にでかける。エサは水深12mより浅いところにいるイカやニシンの仲間やオキアミなど。ホワイトフリッパードペンギンとリトルペンギンは夜行性のペンギンといわれ、海から営巣地に日中帰ってくることはない。

夜、営巣地に帰ってくる理由の一つは、人間が持ち込んだイヌやネコからの襲撃を逃れることができるから。ヨーロッパからの移民がオーストラリアやニュージーランドにやってくる前までは、日中でもペンギンが上陸していたという報告がある。その証拠の一つとして、いくつかの無人島で暮らすペンギンたちは現在でも、夕暮れ前に海から上陸してくることが知られている。

リトルペンギンとホワイトフリッパードペンギンは、直立でなく前屈で二足歩行する。このような骨格はペンギンの祖先に一番近いといわれている。

White-flippered Penguin

ホワイトフリッパードペンギン

日の出と同時に森からでて海へ向かうホワイトフリッパードペンギン。フリッパー（翼）のふちどりが白く、体はリトルペンギンよりやや大きいのが特徴だ。

ロイヤルペンギンはオーストラリアと南極の中間にあるマックオリー島と周辺の小島だけで繁殖している。体の大きさと外見はマカロニペンギンにとても近い。ただし、くちばしを除いた顔の色が白いのが特徴で、マカロニペンギンと区別される。一つのコロニーに16万から60万つがいが集う。

Royal Penguin
ロイヤルペンギン

ロイヤルペンギンは繁殖を終え、5月にマックオリー島をいったん離れる。9月に再び島に戻り、繁殖の準備を行う。島を離れている間、どこに行っているのかはいまだに解明されていない。

Snares Penguin
スネアーズペンギン

無邪気に3羽で遊ぶスネアーズペンギン。島の沖で行われている大規模な漁業により、エサである魚やイカの減少が心配されている。

巣がある森まで、急勾配な岩山を登っていかなくてはならない。足に鋭い爪があっても、雨の日には転げ落ちたりする。

コンブが生い茂る海を好み、岩壁を
よじ登って巣まで通う。

夜明け頃海にでて、夕方いっせいに
戻ってくる。

African Penguin
アフリカンペンギン

「ここの砂風呂は最高だね」と、ちょっと眠そうな様子。実は大好きな森が減少して、しかたなく灼熱の砂浜で子育てをしている。

南アフリカの海岸。ペンギンたちが集まって何かを語りだした。

アデリーペンギン
南極大陸で奮闘する

10月、春になり太陽が南極に現れても、海はまだ凍ったまま。
冬の間に子育てに励んだエンペラーペンギンの
姿がまだところどころにうかがえる頃、
アデリーペンギンが南極大陸に戻ってくる。

南極大陸めざして

空に太陽が戻った南極の春、
ペンギンたちは故郷の地へ

左●10月、アデリーペンギンたちは、北の海からいっせいに南極にある繁殖地に帰ってきた。そこは彼らの生まれた場所でもある。　左下●エサを求めて一日中泳いだせいか、氷山の上でひと休み。　右下●体重500kgもありそうなウェッデルアザラシ。深い海でたくさんエサを食べてきたのか、ふくれたお腹でひと寝いり。

やっと上陸

よちよち、よちよち
歩行総距離は数十km

上●激しく揺れる流氷の上を集団で歩く。めざすは彼らが生まれた繁殖地。　右●これから子育てする繁殖地はすぐ目の前にある。「早く上陸して巣をつくらなければ」

まずはオスが繁殖地に帰ってくる。数日後にメスたちもやってくる。昨年と同じパートナーが無事に帰ってきてくれるといいのだが。

営巣地へ

海を渡り、海氷を越えて、
あとひといき!

上●繁殖地に到着。これから丘を登ります。 下●南極大陸の沿岸に到着。これから2月いっぱいかけて卵を産んでヒナを育てなければならない。

「皆元気だったかい？　半年ぶりだね。これから子育てが始まるよ」「でもその前に僕の奥さんを探さなくちゃ」

たどりつく！

さあ、これから
パートナー探しが始まる

上●突如ブリザードがやってきた。アデリーペンギンたちはほとんど雪だるま状態に。　下●去年と同じ場所にルッカリーをつくった。早く雪が解けてくれないと巣づくりもままならない。

オス、メスの見分け方

ペンギンのオスとメスを見分けるのは、至難の業である。オスとメスが混ざって行進している時などは、判別はまったく不可能。つがいがそろって並んで初めて、オスとメスを判別できる。メスがオスより一回り小さいのだ。アデリーペンギンの場合、オスの体重は平均で5350gだが、メスはそれより約13%小さい。「フリッパー」の長さでは、メスはオスより平均3mmほど短く、くちばしの幅と長さは、8～9%ほどオスのほうが大きい。

鳴き声にはオスとメスで識別できるほどの差はないが、オスのほうがより頻繁に使用する、ある種の声がある。つがい相手のいないオスたちが、空の巣でいっせいにとなえる性的コールだ。柔らかくてリズミカルで弾むような連続音が3～7秒間続き、クライマックスには、もっとはっきりした、きしむような音が3秒ほど続く。オスたちは、頭をまっすぐに空に向ける「恍惚のディスプレイ」と一緒にこの鳴き声を用いて巣の場所を宣伝し、メスを呼び寄せるのである。

エサの採り方にもオスとメスの違いがある。エサ採りに関する研究によると、ヒナにエサを与えているときのメスは特に、オスとは完全に異なるエサ採りをしていることが明らかになった。メスは主にオキアミを採食し、エサ採りに費やす時間はオスよりも30～100%長い。また、エサ採りのためにオスよりも遠出をする傾向にあり、最も遠いケースでコロニーから112kmの海域まででかけていた。一方、オスはコロニーから21kmとより近い海域で、メスよりも魚を多く食べていた。その研究を追認するように、11年連続で行われた調査・研究によれば、アデリーペンギンのエサは、性別や個体、年ごとに大きな違いがあることがわかったが、ほとんどの年に、メスは主にナンキョクオキアミを食べ、オスは魚を多く食べていたことが確認されたのである。

アデリーペンギンのエサ採り

アデリーペンギンの主なエサはナンキョクオキアミなどの甲殻類し、魚とイカなどの頭足類である。繁殖期の初めの頃はオキアミ類が95%を占め、魚やイカなどは5% 以下で、ヒナが生まれ大きく成長するにつれて魚やイカなどの割合が大きくなっていく。獲物を捕らえるくちばしは強靭で、一度で致命傷を負わせることができるくらいだ。さらに、トゲ状の突起が並んだ舌で、つるつると滑りやすい魚の鱗やイカの表面を引っかけて押さえて決して逃がさない。

アデリーペンギンは、繁殖地の状況に応じて、きわめて臨機応変にエサ採りを行うことが確認されている。

著者が滞在した南極半島のホープ湾で繁殖するアデリーペンギンたちは、真夏の白夜の間は、水中が最も明るい真昼を除けば、ほぼ一日中、エサを採るために繁殖地から海への出入りを繰り返していた。しかし南極の他の地域では、ヒナを育てている期間、親鳥は夜明け頃に繁殖地を出発し、15～19時に帰ってくることもある。

エサを採るために海にでている時間の平均値は、ホープ湾では、ヒナが生まれたばかりの頃は7～10時間、少し経つと36時間に増え、ヒナが集まって「クレイシ」を形成するようになると21時間、巣立ちの頃になると、14～19時間に減少する。ところが、バード岬では、親鳥たちは抱卵期にエサを求めて長い旅をする。最初の旅は平均して9～25日間。無線で追跡したペンギンは、繁殖地から100kmの範囲で旅をしていた。ベシャヴィス島では旅する親鳥たちを衛星で追跡したが、メスは繁殖地から341kmおよび243km、オスは164kmを旅していた。一方、ヒナを育てている期間の旅は繁殖地から12km以内で行われ、1回の旅は2日以内だった。

最新機器であるデータロガーを背中に装着させて、ペンギンの水中での生態を探る研究が始まっている(P117)。それによるとアデリーペンギンは、数羽がいっせいに水に飛び込み、1～2分ほど経つと、またいっせいに海面に浮上してくる。水中でエサを採る間も同調しているのではと予想されていたが、肝心のエサ採りを行っていると思われる深度が異なっていた。それぞれが、別々の深度にある程度の時間滞在し、その後、タイミングをあわせて浮上する。これは、エサ採りのための最適な時間を犠牲にしているペンギンがいるということを意味している。

ペンギンにとって、エサ採りよりも重要なことは何だろう？　集団で一糸乱れぬ行動をしているペンギンの群れは、捕食者であるアザラシにとって襲い難い存在なのであろう。そこで、アデリーペンギンは、アザラシに襲われる可能性の高い水面近くを群れて行動することによって、安全を確保していると思われる。

ナンキョクオキアミ

翼を時には前へならえ。人間みたいなポーズをとることもある。これは彼らのストレッチ体操。

ひと休み

南極も、春の日差しは
暖かくてポカポカだ

1

2

1_春の日差しが照りつけ暖かくなったのか、ペンギンは翼を広げて火照った体の熱を外に逃がそうとする。 2_海岸からよちよち歩いて500m。そろそろここでひと休み。 3_足を上げて顔のかゆいところを掻いたりする。意外と柔らかい体。

3

4

4_タキシードをまとったジェントルマンみたい。白くふちどりされた目も愛らしい。 5_シンクロしながら歩いているカップル。ものすごく仲がいいのかも。

5

翼でバランスをとりながら足でけって進む。まるで橇のように見えることから、北欧の橇「トボガン」とよばれている滑り方。立って歩くよりもずっと速く進める。

お腹で滑る

急ぐときは歩かずに、
これで超特急の直滑降!

トボガン滑りはこのように交互に足で雪原をけって進む。

足の裏はじょうぶ

ざらざら、ごつごつ
氷の上でも冷たくないよ

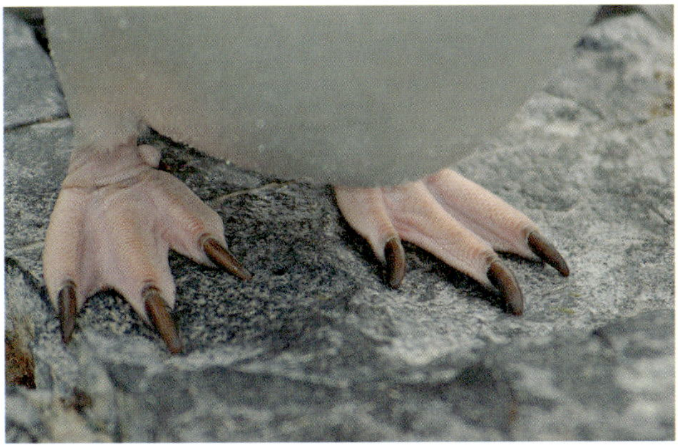

上●足の裏は意外とごつごつしていて前に突き出た3本の指と長く鋭く突き出た爪が特徴的。　下●冷たい海から上がってきたばかりの時、足は温かな血液が集中的に送られ、いつもよりピンク色に染まる。

巣づくり開始！

ひとつひとつ、小石を運んで
豪華なマイホームをつくります

巣の材料である小石をくわえ、家路を急ぐ。小石は巣の材料としてとても大事に扱われる。

南極で巣の材料として使えるのは小石くらいしか見あたらない。いくらでも見つかりそうな小石だが、数え切れないペンギンが一ヵ所に集うと瞬く間に不足する。

アデリーペンギンのオスはメスよりも数日早く繁殖地に到着して、巣づくりを始める。巣は浅いクレーター状で、小さな丸い石で周囲を囲んでつくる。その後、メスが現れつがいが成立したら、メスも巣づくりに参加する。巣と巣の間は50cm～1mと近くて大混雑し、数十万以上の巣が集まる「ルッカリー」になると、巣材となる小石はたちまち不足してしまう。南極の繁殖地でペンギンの巣の材料になりそうな物は、石以外ほとんど見あたらないのだ。そこで近所のペンギンの巣から小石をこっそりとちょうだいする「かっぱらい」が起こる。特に、抱卵を始めた頃の繁殖地は、かっぱらいが日常茶飯事で喧嘩が絶えない"無法地帯"と化していた。繁殖期のペンギンたちにとって、石は単なる「石」ではなく、人間にとっての「マネー（貨幣）」のような価値を持つモノとなるのである。

なぜ小石がマネーになるのだろう？

イギリス・ケンブリッジ大学で教鞭をとっていたハンター博士らのチームによって、アデリーペンギンが「小石欲しさの売春」まがいの行為をすることが、明らかにされた。著者はハンター博士の調査に同行する機会をえて、2001年12月、約1ヵ月にわたって南極半島でアデリーペンギンを観察した。

独身のオスは、たくさんの小石で立派な巣をこしらえて、メスの登場をじっと待っていた。そこにやってきたのは、すでにパートナーと巣づくりをしているメス。そうとは知らぬ独身のオスは誘惑に負け、つがいの行為におよんで満足してしまう。その後、メスはまるで代金を徴収するかのごとく小石をちょうだいし、何事もなかったように自分の巣に持ち帰って行った。巣でメスの帰りを待っていたオスは、まさか自分の伴侶が不貞を働いて石をもらってきたとも気づかず、求愛ダンス（相互恍惚ディスプレイ）をしてメスの帰宅を喜んだ。マネーを使うのは人間だけではないのだ！

さらに驚くことに、不貞を働いたメスから生まれてくる卵は、どうも伴侶の遺伝子を受け継いでいない可能性が高いらしい。「一生同じパートナーと連れ添い、お互い固い絆で結ばれている」と、信じてきた著者のアデリーペンギンに対するイメージは、ハンター博士からこの事実を教えられて、一気に変わってしまった。

実際にはすべてのメスが、浮気をして売春行為におよぶ訳ではない。ハンター博士らの調査によると、売春をするのは繁殖しているメスの5％以下であるとのこと。しかし驚くべきことに、複数のオスとつがったメスのほうが子育てに成功する割合が格段に高いという。人間社会でいう"浮気"や"売春"のような行為も、アデリーペンギンの種としての繁栄を考えれば、「確実に子孫を残す」ための行動。これも自然の摂理なのかもしれない。

巣材はマネー

営巣地で高騰する小石の価値。

アデリーペンギンの天敵

上●恐る恐る海に
飛び込もうとしている
ペンギンたち。
下●ハイイロ
オオトウゾクカモメ。
翼を広げると
160cmにもなる。

著者の南極半島での滞在期は、ちょうどアデリーペンギンの繁殖期と重なり、ほぼ毎日ペンギンたちの子育てを観察することができた。そんな中、アデリーペンギンの天敵ヒョウアザラシがアデリーペンギンを食べる瞬間の撮影に成功した。ヒョウアザラシはペンギンの日常の行動を知ったうえで、繁殖地周辺の浅瀬で身を潜め、ペンギンが水中に飛び込む瞬間や、陸に上がろうとする水際で襲う。繁殖地では、海に飛び込む地点の真下にほとんど毎日、ヒョウアザラシが現れていた。水中にいるヒョウアザラシの気配を感じるのだろう、どのペンギンも最初に海に飛び込みたがらなかった。躊躇してしまい、いつも飛び込み地点まで長い列ができて大混雑する。まるで押しくら饅頭。そして、後ろから押し出されるように、いつも最前列にいたペンギンが海に放り出されていた。1羽が飛び込むと、今度は何十羽ものペンギンが我先にと、いっせいに海にジャンプする。だれかが最初に海に飛び込んで、ヒョウアザラシの気を引いてくれているうちは、襲われる危険が少なくなることを本能的に知っているのだ。意外だったのは、ヒョウアザラシは襲ったペンギンを丸のみするのではなく、内臓だけが目当てなのか、お腹だけを食いちぎってあとは捨てていたことだ。水面に残されたペンギンを今度は、ミナミオオセグロカモメやオオフルマカモメが貪り食った。水面で死肉をあさる海鳥たちが、まるでハイエナやコンドルのようにみえた。

地上の天敵には、ハイイロオオトウゾクカモメやオオフルマカモメ、サヤハシチドリなどの大型の海鳥がいる。ハイイロオオトウゾクカモメたちは、ペンギンのルッカリーで親鳥やヒナだけでなく捨てられた卵を手に入れ、もしそれが凍っていれば、高いところから落として割って食べてしまう。だが、繁殖期の早い時期に卵を失った親鳥たちは一般的に、再び交尾を行って新たな卵を産み落とす。

一方、アデリーペンギンを襲う鳥たちも、ペンギンの繁殖地周辺で子育てをしている。彼らにとってペンギンは、彼らの繁殖に必要な大切な食糧なのだ。

食べる側と食べられる側との均衡のとれた関係は、長い歳月をかけて築かれてきた。そのバランスを崩す人間は、アデリーペンギンの一番の強敵といえるかもしれない。人間はペンギンの最も必要とする食糧であるオキアミと魚を大量に捕り始めている。同時に、化石燃料の大量消費に起因する地球温暖化が、海氷の減少を招き、それがオキアミの激減へと繋がっているのである。

オスは「恍惚のディスプレイ」で自分の存在をアピールし、「相互恍惚ディスプレイ」でメスと愛を確かめあう。

パートナー見つかるか?

恍惚——。これが、
メスを射止める決めポーズ

10月後半、海を覆っていた氷も融けだし、アデリーペンギンたちが北の海からいっせいに南極の繁殖地に戻った。その数50万羽。　次ページ▶満員電車を待つ大都会の光景ではありません。ここは南極、ペンギンたちのルッカリー。ペンギンたちは大勢でいると安心なのかもしれない。

見つかった!

数十万のメスの中から、
やっと見つけた1羽の伴侶

南極半島には数多くのアデリーペンギンのルッカリーがある。アデリーペンギン以外にも、ジェンツーペンギン、チンストラップペンギンがこの近くで同じ季節に繁殖している。

メスのおしりの上にオスが乗り、くちばしを愛撫しながら交尾に入る。

たまごを抱いて

大事な卵。飲まず食わずで
温め続ける

お腹の皮膚が赤く裸出したところは、血管が集まった抱卵斑とよばれ、ここに卵を包み込み温める。

上●親鳥は11～14日間も絶食しながら通常2個の卵を抱く。　下●親鳥は立ち上がってくちばしを使い、温かな抱卵斑に卵のすべての面が当たるように、時々卵の位置を変える。

かえった!

抱き続けて1ヵ月——。
待ち望んだヒナとのご対面!

産卵後32〜34日ほどで、ヒナは卵の殻を破ってでてくる。早くヒナの顔を見たいのか、卵の割れ目を覗き込む親ペンギン。

奥の卵は半分くらい割れてヒナの体も見えている。手前の卵はやっと割れ目ができてヒナのくちばしが見えている。卵から早くでてきたヒナのほうが優先的に親ペンギンからエサをもらうことができるので、後から生まれてくるヒナよりも体が一回り以上大きく早く成長する。

卵から生まれて3日ほどの赤ちゃん。
お母さんのおしりからちょこんと顔を
だして「こんにちは」。

子育てまっ最中

食欲旺盛なヒナたちを
夫婦交替でお世話します

お腹の羽毛に隠れていたヒナを心配そうに見つめる親ペンギン。この後、ヒナたちは親ペンギンののどをくちばしでつつきだし、「お腹すいたよ」の大合唱が始まった。

孵化後も22日間は、親鳥が交替でヒナたちにエサを与える。エサであるナンキョクオキアミが海にたくさんいたらいいのだが、近年、温暖化でナンキョクオキアミの生息地や密度に変化が現れている。オキアミが減少すれば、親たちも飢え、2羽のヒナを育てることはできない。

海から巣に戻った母親(後方)が、ヒナを守っていた父親(前)と交替するために、顔をいっぱいのばして相互恍惚ディスプレイを始めた。

親鳥のお腹に入りきれないくらい大きく成長したヒナたちは、もうじき周りのヒナたちだけで寄り添いクレイシとよばれる保育園をつくる。

栄養豊かに太った2羽のヒナが親ペンギンのお腹にもぐり込んでいる。小石を積み上げただけの巣で親はヒナを抱いているが、もうじき巣も必要となくなりヒナたちは親から離れて巣の周りを歩き始める。

いつもなら温厚な親ペンギンなのだが、お腹にヒナがいる時は、パートナー以外で巣に近づくものに対して、容赦なく攻撃をしかける。

親鳥から口移しでもらったナンキョクオキアミを食べるヒナ。理由はよくわからないのだが、口からこぼれてしまったオキアミを、親ペンギンとヒナは決して食べようとはしない。ヒナが小さい時はエサの8割がオキアミで、ヒナが大きくなるにつれて魚の割合が増えてくる。

ヒナたちは集団になりクレイシとよばれる保育園をつくる。クレイシが始まると父親と母親がいつでも海に漁にでかけられるようになり、ヒナたちにより多くの食べ物を持ち帰ることができるようになる。漁から帰った親ペンギンは海辺で大きな声をだす。クレイシにいたヒナは自分の親の鳴き声に気付き、大きな声で応える。中にはよほどお腹がすいていたのか親の到着を待ちきれず、海辺まで一目散にかけていき、親からエサをもらうヒナもいる。

「もうお腹いっぱい。僕こんなに大きくなったんだから、お父さんとお母さん、今度はオキアミじゃなくて魚を食べてみたいな」

ヒナは卵からかえってから22日間ほどして巣を離れ、5～20羽くらいで保育園のような集団、クレイシをつくる。若鳥や繁殖に失敗した成鳥によってヒナたちは守られるといわれている。

アデリーペンギンの子育てサイクル

浮氷に上がり
休憩している群れ。

5～8月まで南極の冬を北の海で過ごしたアデリーペンギンは、9月末～10月中旬、生まれ育った繁殖地に戻ってくる。特定の場所に巣をつくろうとする執着が強く、60～90%が前年に巣づくりした場所にやってくる。そして10月末～11月半ば、3日ほど間をおいて115～125gの卵を2個産む。親鳥は11～14日間も絶食しながら卵を抱く。最初に抱卵するのはオスで、その間メスは、11～14日間のエサ採りの旅にでる。

氷の状態は、アデリーペンギンの繁殖に大きな影響を及ぼす。氷が残っていると、氷原を越えて海までたどりつくのにより長い時間がかかるため、メスの最初のエサ採り旅行は長くて20日間続くことがある。親鳥の長いエサ採りの旅が終わると、卵が孵化するまで、より短いシフトで交替で卵を抱く。卵は32～34日ほどでかえり、孵化後最初の20～24日間は、1羽の親鳥が付き添う。やがてヒナは巣を離れ、2週間ほどで「クレイシ」をつくる。ヒナがクレイシに入ってからは、両親がともにエサ採りにでかけ、それぞれが1～3日に一度の割合で、ヒナにエサを与えるために繁殖地に戻ってくる。それでは留守の間、誰がクレイシにいる幼いヒナたちを守るのか？

多くの本には「若い独身のペンギンが面倒を見ている」とある。しかし著者の観察では、そうした約束事があるようには見えなかった。若い独身のペンギンたちはとても気まぐれで、巣をつくる真似事をしたかと思うと、翌日には巣を放棄していなくなるオスがいれば、繁殖経験のないメスが無精卵を産み、半日くらい卵を抱いて、いなくなったりする。責任をもってクレイシを世話している、とは考えられなかった。

繁殖成功率は良好な年で平均1.2羽である。海氷が融けずに広がっていると、成功率は1巣0.5羽まで低下することもある。氷の状態が悪い年には、ヒナがすべて死んでしまう場合もある。

年を重ねた夫婦ほど、体重の重いヒナを育てあげることが知られている。おそらく子育ての経験が役に立っているのだろう。ヒナを2羽とも育てあげ、巣立たせることに成功する確率は、年配の親鳥ほど高い。

ヒナが幼い時期は灰色の羽毛だが、1月下旬～2月に換羽を終えると、黒い背中と白い腹の若鳥になる。2～3月、孵化後50～60日たった幼鳥たちは、成鳥の70%ほどに成長し、巣立ちの時を迎える。その後、親鳥は20日ほどかけて換羽を行う。換羽によって当初の体重の約45%を失う。海に旅立つのは3月下旬～4月上旬である。そして2～4年の後にいったん戻り、繁殖の真似事をする。メスは約5歳、オスは約6歳になると繁殖を始める。

成鳥は冬の間、南極大陸から150～650km北の、凍った海の縁やその周辺にある浮氷へ分散するが、繁殖地に戻ってくることもある。若鳥は成鳥よりもさらに暖かな北の海で冬を越すといわれている。

人間との遭遇

1840年、フランス人探検家デュモン・デュルヴィルは、南極大陸に上陸し、その地域を妻の名前にちなみアデリーランドと命名した。アデリーペンギンは、この地で発見されたことからその名が付けられた。

日本人で最初にアデリーペンギンに出会ったのは、白瀬南極探検隊だ。隊員が残した記録報告および陳述に基づき編集された『南極記』には、「1912年1月4日、8羽のアデリーペンギンを捕まえ歓待した」と記されている。1羽は剥製にして日本へ持ち帰るため、皮を剥いで肉は早々に料理された。さらに、「ペングイン鳥の食糧は研究の結果、生ける小魚である事がわかったが、到底それらの食事を給すること不可能なので、全部絞殺に決し、コロロホルムを用いることにしたが、なかなか絶命しなかった」とある。

ほとんどの日本人にとって、白瀬隊が持ち帰ったアデリーペンギンとエンペラーペンギンの剥製や映像が「南極のふしぎ鳥」ペンギンを知る初めての機会だったに違いない。その後1915年に初めての生きたペンギン、フンボルトペンギンが、南米チリから日本にやってきた。これを機に、次々と生きたペンギンが海外から持ち込まれ、動物園や遊園地などで見られるようになってゆく。1930年代には阪神パークで大掛かりなペンギン展示「ペンギンの海」がつくられ、こうした展示が日本中に伝わり、加速度的にたくさんの日本人が次々と“可愛いペンギン”を認識していくことになる。

ところで、アデリーペンギン以外のペンギンはいったいどこで、初めて人間と遭遇したのだろう。ポルトガル人のヴァスコ・ダ・ガマとともに「インド航路」を発見したアングラーデ・サン・ブラズと名乗る人物が、最初にアフリカンペンギンに出会っている。1497年11月、ガマ一行はアフリカ南部にある喜望峰に達している。サン・ブラズは南アフリカの沿岸で「ガチョウくらいの大きさで、ロバのように鳴き、飛ぶことができない鳥」を見たと記録している。これがおそらく、人間がペンギンと遭遇した最初の記録であろう。

もっとはっきり「ペンギンを見た」という記録を残した最初の人は、イタリア人学者アントーニオ・ピガフェッタだ。1519年、彼はマゼランの世界一周航海に同行し、記録を残している。南米大陸南端とフエゴ島との間にある海峡（現・マゼラン海峡）を通過する際に「見慣れないガチョウ」がいたと記した。航海日誌のずっと後ろのほうで、それは「ピングウィーノ」だと訂正している。後で船乗りたちに教えてもらったのだろう。ピガフェッタが見たペンギンは、分布から見て、マゼラニックペンギンだったに違いない。

上●1912年1月16日、南極鯨湾氷上でペンギンを追いかける。
下●1912年1月5日、南極コールマン島にて。
協力／白瀬南極探検隊記念館

親の羽換わり

子育て後のもうひと仕事。
絶食しながら、羽毛を新調!

ヒナたちの換羽を見とどけ、今度は親たちが自分たちの羽毛を新調する時がきた。換羽は子育てと同じくらいの重労働で、換羽の間は海には一切入れないので絶食しなければならない。およそ3週間にもおよぶ換羽を経て、彼らは体重の約45%を失う。

孵化後50～60日たった若鳥たちは、幼綿羽もとれ、親とほとんど同じ大きさに成長をとげ、海に入り繁殖地を離れる。若鳥は成鳥と顔の模様が違い、あごからのどにかけてが白い。

また来年

夏が終わりを告げる頃、
ペンギンたちはまた旅へ――

大都市のラッシュアワーと見間違えるほどの大群衆。3月に入り、夏も終わりを告げようとしている。繁殖地から巣立ったヒナと親ペンギンが海岸に集まりだし、もうじきいっせいに繁殖地を後にして北の海へと向かう。

一目散に海へ向かうアデリーペンギンたち。このペンギンたちのほとんどが10月南極が春を迎えた時、生まれ故郷であるこの繁殖地にまた帰ってくる。

エンペラーペンギンも
南極で子育て

エンペラーペンギンは3月中旬〜12月まで繁殖に専念し、それ以外は南極周辺の海で暮らしている。

お腹がすきすぎたのか、親の帰りが待ちきれずに、クレイシから離れ、海近くまでやってきたヒナ。

上●エンペラーペンギンの若鳥。成鳥にくらべて首周りの黄色が薄く、繁殖年齢に達する5〜6歳までは好奇心旺盛で、単独で遠くへ旅する。
下●海から上陸し、氷上をトボガン滑りで繁殖地まで、100km近い旅をする。

エンペラーペンギンの子育てサイクル

1998年1月初旬、南極アメリー棚氷近くの氷結した海を内陸方向へ約50kmまでヘリコプターで移動し、そこからさらに徒歩で氷上を内陸へ向かっていた著者は、エンペラーペンギンの行進に出会った。腹ばいで雪原をけって進む「トボガン滑り」で南へ向かう親鳥たちがめざすのは、そこから100km近くも離れた営巣地。すでに親鳥ほどに成長したヒナの待つ巣である。

エンペラーペンギンは体が大きいだけではなく、運動能力も驚異的だ。エサを求めて水深400～450mも潜り、海上を150～1000kmも移動する。繁殖地は南極大陸に限られ、亜南極の島では発見されていない。地球上で最も過酷な自然環境におかれる南極の冬。そこで子育てできる生き物は、エンペラーペンギンだけである。アデリーペンギンなども南極で繁殖するが、彼らは春、10月頃に到来し、2～3月頃までに子育てを終えて、南極を去ってゆく。

エンペラーペンギンは、夏の後半、1月後半～3月を海で過ごし、海が凍り始めた3～4月にかけて繁殖地に集い求愛を始める。一夫一妻制だが、つがいの絆は極めて弱い。4月中旬に交尾を行い、5月下旬～6月初めに、ニワトリの卵のおよそ6倍、460～470gもの大きな卵を1個だけ産む。「ルッカリー」とよばれる巨大なコロニーをつくるが、巣やテリトリーを持たない。成鳥は連帯感が強く、特に抱卵中は大きな密集をつくりお互いに体を温めあう。産卵後、メスは約40日間絶食して抱卵した後、エサを求めて海に向かい、その後はオスが9週間も抱卵し続け、孵化を見とどける。太陽も昇らない5月の南極は、凍てつく雪と氷だけの世界だ。卵を氷上に落としてしまうと、すぐに死んでしまう。親鳥は卵を足の上に乗せ、足と足の間にある抱卵斑という羽毛がなく、血管が多くて赤い色をした地肌のでているところで卵を抱き込み、何も食べずに24時間抱き続けるのだ。この頃の外気温は氷点下50度まで下がり、風速30mを超すブリザードが一日に何回も襲うが、卵は32～38度に保たれる。

8月中旬、ようやくヒナが生まれて、メスも繁殖地に帰ってくる。オスは最初に繁殖地にやってきてからメスがヒナの元に戻り交替するまでの約115日間、絶食に耐えなくてはならない。体重は3分の2から半分近くまで減ってしまう。親鳥はヒナを足の上に乗せて卵と同じように抱卵嚢で覆い、足の上で温めながらコロニーを移動する。孵化後、40～50日間は両親が面倒をみて、交替で食べ物探しにでかける。最先端のバイオロギングの研究（P117）によれば、海でエサを探す親鳥は、平均約14日間も繁殖地に帰らないという。その間、約70%を水中で過ごし、残りの約30%を氷上で過ごしていることも判明した。

生後40～50日を過ぎたヒナは、ヒナの集団「クレイシ」を形成し、150日ほど経った1月に海へ旅立ってゆく。子育てを終えた親鳥たちは、氷上にしばらく残り、30～40日かけて換羽を行う。その後、海に帰って3月に再び繁殖地に戻ってくるが、その間の行き先はいまだに謎である。

エンペラーペンギンの数が2倍に

2012年4月13日、米科学誌『PLOS ONE』（電子版）に掲載された調査論文によると、南極に生息するエンペラーペンギンの数が、これまで予想されていた数の約2倍であることが明らかになったという。英南極調査研究所の調査チームは、高解像度の衛星写真を使い、南極の海岸沿いにある44ヵ所のエンペラーペンギンの繁殖地を調査。その結果、これまで推測されていた27万～35万羽の2倍に近い、59万5000羽の個体が確認された。ただ、いくつかの画像は解析が複雑で、個体数の誤差は10～12%の範囲だという。衛星写真による動植物の個体数確認は今回が初めて。衛星写真を使った調査では、一度に複数の写真を撮影することができるほか、氷点下50度近くになる現地を訪れる必要がないという利点があげられる。調査チームを率いたピーター・フレットウェル氏は、「多くの個体数が確認できただけではなく、今後の経過を追うことができる点でよかった」とコメントしている。

著者の感想としては、黒い燕尾服を着たようなエンペラーペンギンは、氷上で立っていても、「トボガン滑り」で移動していても、黒と氷のコントラストで非常に確認しやすい動物と思われる。もし、エンペラーペンギンがフィヨルドランドペンギンやイエローアイドペンギンたちのように深い森の中で繁殖していたら、衛星での識別は不可能だったろう。気になるのは、繁殖に参加していない若鳥や海でエサ採りに従事しているエンペラーペンギンたちで、コロニーを形成しないで単独行動をしていたり、水中や海上をさまよっていたりするエンペラーペンギンたちも、相当な数になるはずだ。おそらく生息数全体の数は、実際には何倍にもなるのではないだろうか。

絶滅のシナリオ

「エンペラーペンギン絶滅のおそれ!」

2009年1月27日、米・ウッズホール海洋生物学研究所などの米仏研究チームが、米科学アカデミー紀要電子版に発表。エンペラーペンギンは2100年までに激減し、絶滅の危機に直面する可能性があるという。

原因は、温暖化による海氷面積の縮小である。それは、藻類が育つ氷の表面の面積が小さくなるということであり、その結果、藻類を食べるオキアミや魚も少なくなる。つまり、ペンギンのエサが減少するのである。

1962〜2005年まで南極、アデリーランド地域のフランス基地でエンペラーペンギンの集団を調べたデータについて、研究チームは、「気候変動に関する政府間パネル(IPCC)」の2007年の報告書で示された温暖化ガスの増加による海氷面積縮小が及ぼす影響を検討した。その結果、過去50年間の温暖化傾向がこれから1世紀続けば、エンペラーペンギンは2100年までに絶滅に近い状態になる確率が36%以上で、現在この地域に生息する約6000つがいが5%以下まで減ってしまう可能性が高いと結論づけた。

実際、今回の論文で調査が行われたアデリーランドでは、海氷の範囲が10%狭くなっただけで、エンペラーペンギンの数が約50%も減少している。エンペラーペンギンは、南極の真冬に内陸部つまり地球上で最も寒い過酷な環境で繁殖する。親鳥たちはタフさで有名とはいえ、足元の海氷が早い時期に割れてしまえば、ふわふわの幼綿羽に覆われたヒナたちは溺死してしまう。

温暖化は、動物たち、中でも極地の動物の生活を変え続けている。南極に生息する鳥の一部は、繁殖の時期を早め、海氷が割れる前にヒナが成長できるようにしている。研究チームは、エンペラーペンギンが産卵時期をずらすなど生態を適応させれば絶滅を避けられるが、難しいだろうと指摘している。

日本のテクノロジーがペンギン研究をリードする

生物の背中などに小型のセンサーやカメラを装着させ、その行動を探る「バイオロギング」という日本発の研究に世界の視線が注がれている。

情報技術(IT)の進歩とともに、これまで謎とされてきた海洋生物の海中での行動が、次第に明らかになってきた。センサーやカメラなどを駆使して動物の行動を調べる研究は、1980年代にゾウガメなどの比較的大型の動物に「データロガー」とよばれる記録装置を取りつけることから始まり、90年代中頃から、対象はペンギンやサケ、アザラシなどに広がった。欧米ではサケのような魚にも取りつけられるほど小型のデータロガーを開発するのが難しく、日本との共同研究が主流となっている。国立極地研究所の内藤靖彦名誉教授は「生物の行動を記録する(ログ)」という意味で、こうした研究を「バイオロギング」とよぶことを、2003年に日本で開かれた国際会議で提唱し、認められた。

2005年11月当時、東京大学の佐藤克文助教授は南極の米国マクマード基地から200kmほど離れたワシントン岬でテントを張り、エンペラーペンギンの背中に直径2cmほどの小さな装置を取りつけた。このバイオロギング装置はペンギンが海の中で泳ぐ速度や潜水深度、海水温、加速度を計測することができる。エンペラーペンギンは最大深度358〜514mに及ぶ深い潜水から、ごく浅い潜水までを繰り返しており、深い潜水の場合には空気を多く吸い込んでから潜水を開始していた。27.6分間に及ぶ潜水も確認され、鳥類の潜水時間最長記録となった。地上の約50倍という気圧に耐え、浮上する時に、なぜダイバーなどがかかる潜水病にならないのか、その謎を解くのが研究の目的だ。さらに佐藤助教授らのグループは2007年に英科学誌『Proceeding of the Royal Society London』に発表した論文で、「体重30tのクジラから、500gの海鳥まで、みな秒速1〜2mで泳いでいた」という世界初の発見を伝えた。2002年には、英科学誌『Journal of Experimental Biology』で「ペンギンは通常ひれを羽ばたくように使って浮上するが、時には水深80mからひれの動きを完全に停止して、浮力だけに頼って水面までたどりついている」という事実も発表している。

また、ペンギンとそのエサとなる甲殻類の海中での生態も明らかにされ始めている。アデリーペンギンは数羽が一緒に氷の下に潜ってエサを採り、ほぼ同時に浮上して氷上に戻ってくる。海中での行動はわからなかったが、20m潜る個体と30m潜る個体がいることを体に取りつけたデータロガーによって突きとめた。エサとなるナンキョクオキアミという甲殻類は水深30〜80mの海域にいると思われていたが、チンストラップペンギンの行動を分析したところ、さらに深い海底にも生息していたことが明らかになった。

街暮らしのペンギンたち

アフリカ、オーストラリア

家の軒下、交通量の多い道端にあたりまえのように
出没するペンギンたちもいる。
どうしてこのような住環境となったのか、すみごこちは?

南アフリカ共和国サイモンズタウンの繁殖地の森が街の開発とともに徐々に消えさり、ペンギンたちは、人間の家の庭の茂みや、ちょっとした植え込みに巣をつくっている。日の出少し前に活動を始め、日が傾きかけると、ペンギンたちはねぐらへ帰り始める。

車がやってこないうちに道路の真ん中をトコトコ、トコトコ。巣から海までの距離は100m～1km。自動車や他の動物など、危険が多く、走ってきた車にひかれてしまうペンギンの数は、なかなか減らない。

サイモンズタウンでは、人口3000人の街に、およそ3000羽のアフリカンペンギンが、人間とともに暮らしていた。

オーストラリア、タスマニア島で暮らすリトルペンギンたちは「あのネオンサインが我が家」とばかりに、波間から見えるハイウェーやビルの外灯を目印に毎晩、同じ街に帰ってきて、ビルや人家の床下で子育てをしている。車や人間が繁殖地に持ち込んだネズミやイヌ、野生化したネコなどの動物のせいで危険にさらされている。

世界の ペンギンニュース

アラスカでペンギン発見

米・シアトルのワシントン大学の鳥類研究チームが、アラスカで発見されたフンボルトペンギンについて鳥類学誌に発表した。2002年7月、米・アラスカ州南東沖で漁船が網を引き揚げたところ、サケに混じって、南米にしか生息しないフンボルトペンギンがいたという。フンボルトペンギンは、主に南米ペルーやチリの太平洋沿岸に生息している。ペンギンの野生種19種はすべて、南半球にしか生息していない。フンボルトペンギンが南米沖からアラスカ沖まで自力でたどりつくには、途中の赤道域の高温海域を泳ぎきらねばならないため、きわめて困難だ。そのため、フンボルトペンギンが南米沖で漁船などに捕まり、船員らに一時、ペットにされた後、アラスカ沖で放された可能性が高いと結論づけられた。

80年ほど前にも北半球にペンギンが野生で生きのびていたことがある。

1936年10月、ノルウェー北部にあるフィンマークなど4ヵ所で、ノルウェー人によって9羽のキングペンギンが放された。その2年後、さらに多数のマカロニペンギンやアフリカンペンギンがノルウェー国立自然保護連盟によってほぼ同じエリアに放されたことがある。理由は明らかにされていないが、その後の結末はペンギンたちにとって悲劇としか言いようがない。放されたペンギンたちはおおむね健康状態もよく、海で小魚やオキアミを採って太っていたといわれている。ペンギン目撃の情報はたくさん寄せられた。絶滅したはずの、かつてペンギンとよばれていたオオウミガラスが帰ってきたものと誤解した人も少なからずいた。しかしながら、初めてペンギンを目の当たりにした人々は、よもや南半球から連れてこられた生き物とは思いもよらなかったのだろう。何羽ものキングペンギンが人間の手で殺されてしまった。例えば、羽換わり中に発見されたキングペンギンは、見るからに病的でぶざまな姿に見えたのか、すぐに殺されてしまった。また、あるキングペンギンは、お化けだと思い込んだ婦人の手によって処分されてしまった。1944年には、水深6〜15mほどのところに仕掛けられた漁師の釣り針にかかって、マカロニペンギンと思われる1羽が死んだ。そして1954年7月2日、ハマロイ州にあるセルソイオッデン島付近で1羽が目撃されたのを最後に、人間によって放されたペンギンはいなくなってしまった。彼らはおそらく18年間は生きていたのだろう。だが、繁殖したという記録はない。

日本でも野生に逃げ去ったペンギンがいた。水族館から脱出したペンギンが、82日間にわたり東京湾で生活していたのだ。2012年3月4日にフンボルトペンギンが葛西臨海水族園から逃げだした。好奇心旺盛な若鳥が、あちこち探索しているうちに、偶然、園外にでてしまった可能性が高いと考えられている。水族園付近を流れる旧江戸川の河口、晴海埠頭の沖合、葛飾区金町浄水場付近の江戸川で目撃され、5月24日、千葉県市川市の江戸川にかかる行徳橋近くで捕獲された。目が充血しやや腫れていたが、東京湾での生活は合っていたようで栄養状態は良く、足や翼にも異常は見られなかった。ちなみに、著者が南米チリ沿岸南部に生息するフンボルトペンギン営巣地を訪れた時、一年を通じてその地の気候が、日本の本州ととても似ていることに驚いた。

駅長になったフンボルトペンギンとナイトの称号をいただいたキングペンギン

2012年、伊豆急下田駅で「ペンギン駅長」が誕生した。伊豆地域の活性化のためのプロジェクト「オモシロ駅長」に、フンボルトペンギンが大抜擢され、4月21日に伊豆急下田駅で「ペンギン駅長」の任命式が行われたのである。下田海中水族館からやってきたフンボルトペンギンの駅長は、伊豆急下田駅の改札（降車口）付近で下田を訪れた乗客の出迎えと見送りをしている。2012年は10～12月に6回“出勤”。フンボルトペンギンによる「オモシロ駅長」は2013年現在、3羽が任命されている。

三重県志摩市にもペンギン駅長がいた。2009年11月21日、近畿日本鉄道の賢島駅特別駅長に就任したフンボルトペンギンの志摩ちゃんだ。賢島駅の改札口に立ち、乗客を出迎えたり、記念撮影を行ったりと活躍した。残念ながら2012年6月、“任期満了”により退任している。近畿日本鉄道はペンギン駅長の他にも「ペンギン列車ツアー」を行っている。志摩線活性化の一環として、志摩マリンランドと協力して2009年11月から実施してきたもので、志摩マリンランドのフンボルトペンギン数羽が鳥羽駅から賢島駅間の貸し切り列車に乗車。列車内を行進するなど、ペンギンと身近に触れ合える貴重な体験ができるツアーとして人気を集めている。

一方、海外では、2008年8月に英スコットランドのエディンバラ動物園で暮らすキングペンギンのニルス・オラフ君が、ノルウェー国王から「ナイト」の称号を受けた。ノルウェーの儀仗隊が毎年参加するエディンバラでの音楽祭が縁で、同隊のマスコットになり、「長年にわたる優秀な勤務」が評価され、2005年には名誉隊長に出世していた。

ナイトの称号を持つ、ニルス・オラフ君
写真／Press Association（アフロ）

伊豆急下田駅でお披露目されたペンギン駅長のやまちゃん、しゃっく、ギャルオ。
写真／伊豆急ホールディングス株式会社

アルゼンチン沿岸の繁殖地のマゼラニックペンギンたち。繁殖が終わると暖かなブラジル沖の海域をめざして移動する。

ブラジルの海岸にマゼラニックペンギン700羽以上の死骸

アルゼンチン南部、バルデス半島近く、何十万羽ものマゼラニックペンギンが集まる繁殖地のプンタ・トンボを訪れてみた。チュブト地方に生息するうち、70%のマゼラニックペンギンがプンタ・トンボで繁殖しており、地面に穴を掘って砂漠気候から身を守っていた。毎年2羽のヒナをオスとメスの親鳥が協力して育てている。9～10月に繁殖地に戻ってきた親鳥は、つがいをつくって卵を産む。3月頃までにヒナは親鳥とほぼ同じ大きさまで成長をとげる。5月頃から徐々に生まれ故郷を離れ、寒さを避け、好物のカタクチイワシを求めて北上してゆくと考えられている。

2012年7月13日、ブラジルの沿岸海洋研究センター（CECLIMAR）は「ブラジル最南端にある海岸に、700羽以上のペンギンの死骸が漂着した」と発表した。6月15日から7月中旬にかけて同州の海岸で見つかったペンギンの死骸は745羽に上り、リオグランデドスル連邦大学の研究所が死骸の見つかった状況などを調べた。その結果、死んでいたのはほとんどが幼いペンギンで、外傷を受けたり羽に油などが付着したりした形跡はなく、自然死と見られることがわかった。まだ体力がなく、エサ採りや泳ぎの未熟な若鳥は、海が荒れたりエサの魚が少なかったりすると、疲れて風や波に流されてしまうからだ。

マゼラニックペンギンの主な繁殖地はブラジルのリオデジャネイロから南に約5000 kmも離れたアルゼンチン南部の大西洋岸からチリ南部にあるマゼラン海峡から太平洋岸にかけて。そこで巣立った若鳥たちは、5月になると暖かな海域へ、エサを求めて大西洋岸に沿って北上してゆく。若鳥は2～3年かけて海上を旅した後、生まれ故郷の繁殖地周辺に帰ってくると考えら

日本にかつていた体長約4mのペンギンモドキ

体長約100cmのペンギンモドキ全身復元骨格レプリカ。
協力／北九州市立いのちのたび博物館〔自然史・歴史博物館〕

「ペンギン」とは、かつて北大西洋に生息していたオオウミガラス（チドリ目ウミスズメ科）のよび名であった。カナダ北東部、大西洋に浮かぶニューファンドランド島の沖には「ペンギン島」と名付けられたいくつかの島があり、数えきれないほどの「ペンギン（=オオウミガラス）」が繁殖していた。10世紀頃には数千万羽もいたとみられるこの「元祖ペンギン」は、美味しそうに太っていて、おまけに飛べないのだから、たちまち食用として狩りの対象になってしまった。1844年、アイスランド沖の孤島に生き残っていた最後のオオウミガラス2羽が捕らえられて、その後、絶滅が確認された。

現在の「ペンギン」、つまりペンギン目ペンギン科の鳥が、ヨーロッパ人に初めて発見されたのは、15世紀。帆船で南半球にでかけた人々が、アフリカでペンギンと出会った時のことだ。船乗りたちは「アフリカに北極のペンギン（=オオウミガラス）がいる」と勘違いしたのである。現在のペンギンに与えられたその名称は、まさにその思い違いに端を発している。

およそ3600万～2000万年前に北半球で、和名で「ペンギンモドキ」とよばれる太古の海鳥が暮らしていた。学名をプロトプテルムといい、日本でも化石がたくさん発見されている。1996年4月、長崎県崎戸町（現・西海市）の海岸の約3400万年前の地層から見つかったのは、想像を絶するほど巨大なペンギンモドキ。肩甲骨、上腕骨、指骨など10点が発見され、上腕骨は幅約8.7cmと、これまでの発見例である4.5cmを大きく上回り、他の骨も約2倍の大きさだった。体長（身長）は従来の160cmの倍以上、超巨大な約380cmと推定されている。生態や形態はペンギンに似ているが、ペリカンの仲間とされる。現存するペンギンの最大種であるエンペラーペンギンの体長は100～130cm。陸鳥最大の体長を誇るアフリカのダチョウのオスで250cmほど。この長崎で発見されたペンギンモドキが、いかに巨大な鳥であったかがわかるだろう。太平洋岸に生息していたとされ、飛ぶことはできずに海の中を泳いで生活していたと考えられている。ペンギンモドキの化石は九州北部、山口、岐阜、北海道などのほか、米国でも見つかっている。

長崎県では、2010年にも西海市大瀬戸町の尻久砂里浜で、すねにあたる脛骨の化石が発見されている。体長は中型種で150cm。約3600万年前の地層から発見された。さらに2012年、西海市西海町の海岸にある露頭や転石からも化石が見つかっている。

佐賀県でも2009年、内陸にある唐津市北波多の建設現場で、約3200万年前の地層からペンギンモドキの大腿骨の一部とみられる化石が見つかった。体長100cmほどの中型種とみられる。この化石は、北波多がかつて海だったことを物語っている。

さらに福岡県にある藍島や馬島で、約3000万年前の地層からもペンギンモドキの化石がたくさん発見されている。

れている。

リオデジャネイロ郊外のニテロイ動物園のカンディオット園長によると、「2000年頃からマゼラニックペンギンが漂着するようになり、年々その数が増えている」という。しかも、漂着する地域が、南のアルゼンチン海岸から北のブラジル海岸へと北にシフトしつつある。中には、赤道近くで発見されるペンギンもいる。2006年には8月までに170羽、2008年は6～7月の間で400羽以上の死骸が打ち上げられた。毎年、数千羽が海流に流されてリオデジャネイロ近郊の海岸まで泳ぎつくが、短期間に大量のペンギンが死骸となって見つかったのは初めてという。さらに2010年には、サンパウロ州の海岸にペンギン550羽以上の死骸が漂着した。解剖の結果、餓死だったことが判明した。ペンギンだけではなく、多数の野鳥やイルカ5頭、ウミガメ3匹の死骸も見つかった。

研究者たちは、近年になってペンギンの若鳥が餓死してたくさん漂着するようになったのは、「海流の変化や気候変動、魚の乱獲、さらに石油汚染によって免疫が落ちたところで細菌に感染した可能性などを考えなくてはならない」と、指摘している。

残された繁殖地である
森をめざす
イエローアイドペンギンたち。

ペンギン12種が絶滅の危機

国際自然保護連合（IUCN）によると、1994年時点では世界中で19種いるペンギンのうち、南米のガラパゴスペンギンやニュージーランドのフィヨルドランドペンギンなど5種が絶滅の危機にあると報告されていたが、現在は絶滅危惧種に登録されているペンギンは12種にまで増えてしまった。

人間の活動がペンギンの生存を脅かしており、温暖化による気候変動は、さまざまなペンギンに影響を及ぼしている。絶滅が最も心配されているのはガラパゴスペンギン。温暖化によってエルニーニョ現象が巨大化し、エサである魚の群れが海面水温の上昇で他の地域へ移動したり深い海へ潜ったりして激減してしまったのだ。1970～1971年には6000～1万5000羽と推定されたが、1982～1983年に起きた大規模エルニーニョによって生息数が23%まで減少した。徐々に回復してきたものの、1997～1998年、再び巨大化したエルニーニョが発生し、約35%まで激減した。その後の1999年、生息数は1200羽と推定され、2005年には1800羽まで増えたものの、2007年には

日本で暮らすペンギンの半数近くが、鳥マラリアに感染？

南アフリカに生息するアフリカンペンギンは毎日のように、船舶から捨てられるバラスト水に含まれる油汚染の犠牲となり、救助されている。油まみれになった野生のペンギンは、ボランティアで参加している獣医らで営まれている南アフリカ沿岸鳥類保護財団の施設で保護される。その施設では、ペンギンの体についた油の除去や抗生物質を投与して飲み込んでしまった油を無毒化する治療が毎日行われているのだが、施設は沼地で囲まれた場所にあり、鳥マラリアが蔓延していて、保護された野生のペンギンたちに鳥マラリアをうつしてしまう。治療によって油汚染から解放されたペンギンたちは、保護施設で鳥マラリアに感染して繁殖地に戻される、というジレンマに陥っている。

ちなみに鳥マラリアは人間には感染しないが、ペンギンに感染すると衰弱や貧血を起こし突然死することもある。日本国内数施設で飼育されているペンギン50羽のうち27羽が感染していたことが2005年4月、日本大学生物資源科学部の村田浩一教授らのグループの調査でわかった。ペンギンでの日本初の鳥マラリア感染報告は1989年。今や国内にいるペンギンの30～50%が感染しているとみられている。

野生ペンギンの生息地では、鳥マラリアはほとんどみられず、国内で野鳥か、動物園の他の鳥に寄生するマラリア原虫が蚊の媒介でペンギンにもうつると考えられる。南極などの蚊のいないような地域から日本の動物園にやってきたペンギンは、鳥マラリアへの抵抗力が弱い。発症すると食欲が落ちたり、呼吸困難になったりして、死に至ることもある。人間用の薬を飲ませるなど、各動物園が手探りでしのいでいる。温帯地域におけるペンギン類の換羽時期は、蚊の発生時期とほぼ一致しており、抵抗力が低下する換羽時に鳥マラリアの血中出現率が高まることもわかった。マラリア原虫は、本来は蚊と鳥マラリアが生息しない南極圏のペンギン類を新たな宿主として選んだようだ。そして、遺伝的に抵抗性をもたないそれらの鳥たちに感染し、死に至らしめる。

温帯地域の動物園・水族館では、鳥マラリアがペンギン類の主な死因となっている。2012年の夏、100年ぶりに雨が多かったイギリスでは、豪雨によって湿度が高くなり、鳥マラリアが多数発生し、ペンギンが相次いで死んでしまった。

人間が健康管理する動物園のペンギンよりも、鳥マラリアの脅威が深刻なのは、野生で暮らす希少種だ。1800年代、ハワイ諸島へ白人と一緒にやってきた蚊と共に侵入した鳥マラリアによって、ハワイガラスやハワイミツスイなど、ハワイ固有の鳥10種を絶滅に至らせたことは、よく知られている。

再び1200羽に減少してしまった。1980年代に大陸から人間と一緒に渡ってきたと考えられる蚊が、鳥マラリアをガラパゴスにもたらし、ペンギンへの感染が発見された。また、2010年には人間がガラパゴスに連れてきたネコの体内にいる寄生虫が、ペンギンに感染していることが報告された。2007年の調査では主要な繁殖地での一年間の死亡率が、49%にも及んでいることが報告されている。

西南極で暮らす若いペンギンたちは、ナンキョクオキアミの減少で、生存が次第に困難になりつつあるとされている。以前は豊富にあったオキアミが近年、38～81%ほど減っていることが明らかになった。温暖化が続けば冬季に海氷がなくなり、その結果、海氷下で発生するナンキョクオキアミが減ってペンギンがさらに減少する恐れがあるとIUCNは警鐘を鳴らしている。

サウザンロックホッパーペンギンはフォークランド諸島で激減している。英国王立鳥類保護協会によると2000年の調査時にはサウザンロックホッパーペンギンのつがいが29万8496組いたが、2005～2006年の調査では21万418組と激減していた。1932年には、つがいが約150万組いたと推測されているので、70年間に87%も減った計算になるという。原因は海洋汚染や漁業によるエサの減少、気候変動などの影響とみられている。

その他にも、人間の活動による影響はたくさん起きている。1993年の報告で5100～6200羽しか生き残っていないニュージーランドのイエローアイドペンギンは、繁殖地の森が人間によって破壊され、生息数が激減してしまった。また、南アフリカに生息するアフリカンペンギンなどの多くの種類が、タンカーからの原油流出の被害を受けている。さらに生息地に入ってきた外来種であるネズミやネコ、イヌなどに何種類ものペンギンの卵やヒナが食べられている。もっと深刻な事態として、漁業の混獲によって、水中で魚網に絡まって溺死するペンギンが後を絶たず、その数は毎年数万羽ともいわれている。このように、ペンギンを取り巻く環境は、悪化し続けている。

野生のフンボルトペンギン。
なわばり争いでくちばしが
欠けることもあるという。

人工くちばしをつくってもらったフンボルトペンギン

2002年11月、川崎市夢見ヶ崎動物公園で、くちばしの折れたフンボルトペンギンが発見された。原因は不明だが、くちばしの先端から約3分の1がなくなってしまっていたのだ。ペンギンにとってくちばしは人間の手先と同じ。エサを食べたり、羽づくろいをしたり、小枝を運んで巣づくりをしたりと、生活に欠かせない大事な部分。通常、自力でエサを食べられなくなったペンギンは安楽死させるが、同園では人工くちばしをつけてみることになった。

翌年4月、職員や歯科医師、歯科技工士らが協力して、強度や重さに気を配りながら、材質や接着方法、合金の配合を試行錯誤した末、試作4個目で完成品にたどりついた。金とパラジウムの合金で内側に物をかみ切るためのフレームをつくり、外側を本物同様に着色した樹脂で覆った人工のくちばしを、残ったくちばしに装着。人工くちばしは「全国初の快挙」と話題になった。しかし、接着剤と水の相性が悪く、着脱を繰り返していた。エサを採るのに不便だろうと、人工くちばしをつくったのだが、動物園でのエサは動かない魚なので、欠けたままのくちばしでも器用に受け取ることができるとわかり、結局、2年ほどして人工くちばしを外して、元のくちばしに戻ることになった。さらに、くちばしを装着するたびにペンギンの鼻面のあたりにつける接着材が、ペンギンの健康上、あまり良くないこともわかった。

くちばしが欠けたそのペンギンは、2010年頃には、子育てまでやってのけた。巣でヒナの面倒をみる時間が他の親ペンギンより長かった。魚を食べて、胃の中でこなれた状態にして吐き戻し、ちゃんとヒナに与えていた。同園のスタッフは、「生きていくためになんとか工夫してエサを食べ、ヒナも育てた。園の動物たちにどこまで手を出すべきか、考えるきっかけになった」と語っている。同園では、現在もくちばしが欠けたペンギンが2羽飼育されているが、人工くちばしはもうつけていない。

また、2010年11月には、ブラジル・リオデジャネイロでも、人工くちばしの報道があった。10月にボートのスクリューでくちばしを折られ、動物園に保護されたマゼラニックペンギンの若鳥。そのままでは魚を食べることもできないため、人工のくちばしをつける緊急手術が行われた。手術は無事に成功し、その後、米・カリフォルニアにある保護センターに送られた。

次々と発見される
古代の巨大ペンギンたち

長い地球の歴史の中でペンギンが歩んできた道は、「謎」だらけ、といってもよい。現在までに世界中で30を超える「古代ペンギン」の化石が発見されているが、ペンギンの起源を教えてくれる化石はいまだにない。ペンギンと同じ祖先をもっていた可能性が高い鳥のグループは、ミズナギドリやアビの仲間である。現存する最も原始的なペンギンと考えられているのは、リトルペンギンとホワイトフリッパードペンギンで、その幼鳥には鼻孔のところにミズナギドリの仲間と同様の管状の穴が開いているのである。1億年ほど昔、ミズナギドリとペンギンの祖先たちは、大海原を飛んで暮らしていた。そして7000万年前あたりから、ペンギンの祖先は空を飛ぶことをやめ、水中を飛行するペンギンとなっていった。

今からおよそ4500万〜1800万年前に、ペンギンたちの大繁栄時代がやってきた。その時代に生きていたペンギンのうち、1930年に南極セイモア島で発見された学名アンスロポルニス・ノルデンスクジョルディ（*Anthropornis nordenskjoeldi*）（P2、129のイラスト）はジャイアントペンギンとよばれ、化石で見つかった最大のペンギンだ。その体長（身長）は、立ち上がった状態で160〜180cm。さらに1905年ニュージーランドのオアマルで見つかった学名パキディプテス・ポンデロサス（*Pachydyptes ponderosus*）は、体長137〜164cmもの巨大ペンギンであった。これに対し、現存する最大のペンギンであるエンペラーペンギンは、体長100〜130cm、体重24.7〜36.7kgほど。ここから推察すれば、絶滅したこれら2種のペンギンの体重は、最大90〜135kgに達し、まるで力士のような姿だったと想像される。これ以外にも、発見されている多くの古代ペンギンたちは、現存するペンギンよりも大きかった。現在のペンギンたちの平均体長が60cmほどなのにくらべ、古代ペンギンたちは100cm以上であった。

2000年代に入って、巨大な古代ペンギンの化石が次々と発見され始めた。

2007年6月ペルー中部、赤道に近い南緯約14度の沿岸地帯パラカス国立自然保護区で、新種の大型ペンギンの化石が複数見つかった。一つは頭骨や翼の骨などで、約3600万年前のものと推定され、体長は推定約150cm。もう一つは約4200万年前の化石と推定され、体長は推定約90cmだった。

その後2007年にパラカス国立自然保護区で見つかったペンギンの化石から、翼の部分に生えていた羽と胴体部分を覆っていたウロコ状の小さな羽が複数発見されたと発表された（2010年9月30日）。ペンギンの進化の過程を知る重要な資料になるとみられている。そのペンギンはおよそ3600万年前に生息していた種で「翼の先端が灰色、翼の裏面は赤茶色だった」とされる。ただし羽のサンプル数が不十分で、全身の配色を知るまでに至っていない。新種の古代ペンギンは、ウォーターキング、学名インカヤク・パラカセンシス（*Inkayacu paracasensis*）（P2のイラスト）と名付けられた。

ペンギンの先祖はこれまで、南極周辺から次第に温暖な地域へ進出し、その過程で体格も小型化したと考えられていた。ジャイアントペンギンのような巨大ペンギンの化石は南極で発見されていたため、大型化は高緯度での寒さへの適応と考えられていたが、巨大ペンギンが生きていた当時の地球は現在より暖かく、現在のペンギンとは生息環境が大きく異なっていたという。鳥の進化の研究に新たな側面が加わるのではと期待されている。まず、古代のペンギンは白黒ではなかった。ペンギンの体色が白黒に変化した時期は、比較的最近であることを示す直接的な証拠が発見されたことになる。加えてその変化が、繁殖やカモフラージュ目的というより「泳ぎ」に深く関係している可能性も浮上した。

さらに2012年2月には、ニュージーランドでも古代の大きなペンギン2種が発見された。科学誌『Journal of Vertebrate Paleontology』2012年3月号に掲載された論文によると、これらの大型ペンギンは2500万年前にニュージーランドに生息し、その後絶滅したという。復元された姿は「非常にすらりとしていて、現生のどのペンギンとも似ていなかっただろう」と推察されている。当時のニュージーランドは、現在の島のほとんどが海中に沈んでおり、小さな島がまばらにあっただけだった。両種とも体長は約130cm。両種の学名カイルク・ワイタキ（*Kairuku waitaki*）とカイルク・グレブネフィ（*Kairuku grebneffi*）

のカイルクは、ニュージーランド先住民マオリの言葉で「食べ物を採ってくるダイバー」という意味。この2種の古代ペンギンの姿は、丸々と太った現在のペンギンとは異なり、胸幅は狭く、翼は長く先細で、くちばしは細い。魚を捕まえるのにより適した体型といえる。驚くべきことに、この2種のペンギンが生息していた海岸には、他にも3種のペンギンが暮らしていたという。種ごとに食べ物が異なっていた可能性がある。このように同じ地域で5種類ものペンギンが一緒に暮らしていることは、今日では例がない。

ペンギン大繁栄時代も、次第に衰退の時を迎える。ペンギンは、当時徐々に勢力を広げてきた海生哺乳類の2つのグループ、イルカやシャチのような歯クジラ類と、アシカやアザラシなどの鰭脚類との競争に敗れ、やがて滅んでいった。生き残ったペンギンたちの祖先は体が小さくスリムで、水中でイルカやアシカなどに負けないほど機敏に動けたにちがいない。現存するペンギン種は、エサも海生哺乳類と競合しない小さなものを食べるように進化してきたと考えられる。

Anthropornis nordenskjoeldi
今まで発見されたペンギンの化石の中で最も大きなものだったことから、「ジャイアントペンギン」と名付けられた。このペンギンが生息していた頃、南極は森に覆われていた。

ペンギン化石一覧

学名	場所	推定生存年代（100万年）	体長（身長）（cm）
Pachydyptes ponderosus	ニュージーランド	37〜45	140〜160
Palaeudyptes marplesi	ニュージーランド	37〜45	105〜145
Palaeudyptes gunnari	南極セイモア島	37〜45	110〜125
Palaeudyptes antarcticus	ニュージーランド	33〜37	110〜180
Anthropornis nordenskjoeldi	南極セイモア島	37〜45	160〜180
Wimanornis seymourensis	南極セイモア島	37〜45	105〜120
Delphinoris larseni	南極セイモア島	37〜45	85〜95
Archaeospheniscus wimani	南極セイモア島	37〜45	75〜85
Archaeospheniscus lopdelli	ニュージーランド	33〜37	95〜120
Archaeospheniscus loweri	ニュージーランド	33〜37	85〜115
Platydyptes ameisi	ニュージーランド	25〜30	95〜105
Platydyptes novaezealandiae	ニュージーランド	33〜 37	85〜95
Duntroonornis parvus	ニュージーランド	33〜37	50〜70
Inkayacu paracasensis	ペルー	約36	約150
Korora olivera	ニュージーランド	25〜30	65〜75
Kairuku waitaki	ニュージーランド	約25	約130
Kairuku grebneffi	ニュージーランド	約25	約130
Arthrodytes grandis	アルゼンチン	18〜25	120〜135
Paraptenodytes antarcticus	アルゼンチン	18〜25	90〜100
Paraptenodytes robustus	アルゼンチン	18〜25	70〜80
Palaeosphensiscus wimani	アルゼンチン	18〜25	70〜80
Palaeosphensiscus patagonicus	アルゼンチン	18〜25	65〜75
Palaeosphensiscus bergi	アルゼンチン	18〜25	60〜70
Palaeosphensiscus gracilis	アルゼンチン	18〜25	40〜60
Pygocelis tyreei	ニュージーランド	3.5〜5.5	70〜80
Aptenodytes ridgeni	ニュージーランド	3.5〜5.5	90〜100
Palaeudyptes	オーストラリア	情報不足	情報不足
Anthropodyptes gilli	オーストラリア	情報不足	情報不足
Pseudaptenodytes macraei	オーストラリア	情報不足	情報不足
Pseudaptenodytes minor (questionable)	オーストラリア	情報不足	情報不足
Chubutodytes biloculata	南米	情報不足	情報不足
Paraptenodytes brodkorbi (questionable)	南米	情報不足	情報不足
Palaeudyptes(not marplesi)	ニュージーランド	情報不足	情報不足

参考文献
Tony D. Williams(1995),G.G. Simpson(1975,1976)など

南極大陸と人間

南極はなぜ氷の大陸になってしまったの?

南極にあたる太陽の光は弱く、そのほとんどが雪と氷で反射されてしまうので気温が高くならない。さらに、北からの暖かな海流が届かず、冷たい海流が大陸を回っているだけ。大陸の奥では、夏でも気温が氷点下30度くらい。降った雪は解けずに何万年も積もり続け、下の雪は上の雪の重みで固まり、雪から氷へと徐々に変化していく。こうして南極は、氷の大陸になった。

2001年12月、著者は撮影のために南極ホープ湾に滞在していた。いつものように朝からペンギンの撮影と調査にでかけたある日、山の斜面で足元にあった石に目が釘付けになった。葉と茎が鮮やかに見てとれる植物の化石だった。ホープ湾は「植物山」と名付けられた「マウント・フローラ」が基地の目の前にそびえ立ち、1903年に最初の植物化石が見つかっている。化石の年代はジュラ紀で1億9500万～1億4000万年前のものだ。シダやセコイアなどの裸子植物がうっそうとした大森林をつくり、その森を恐竜が歩き回っていた時代である。化石は、この不毛の大陸がかつて、恐竜やペンギンの祖先が暮らす「緑の大陸」だったことを物語っている。

南極は3億年前と3000万年前に2回、氷の大陸になっている。その間の2億年以上もの長い時代には、巨木が生い茂り、恐竜がのっしのっしと歩いていたのだ。南極には25億年前や10億年前の岩石もあるが、現在見られる、主な岩石が形づくられたのは、超大陸「ゴンドワナ」が赤道直下につくられた約5億年前のことである。ゴンドワナは3億年前に、現在の南極の位置に移動し、超大陸は広く氷河に覆われた。その後、3億～2億5000万年前にゴンドワナは北に移動する。2億5000万～2億年前には南極大陸の大部分にはイチョウやマツの仲間である裸子植物が生い茂り、2億年前、恐竜が繁栄する時代となる。

今から1億5000万年前頃にゴンドワナの分裂が始まり、南極がほぼ現在の位置に移動したのは、約1億年前。7000万年前頃に超大陸からアフリカ、インド、南米、南極とオーストラリアに形が分かれた。さらに、5000万年前頃から南極とオーストラリアが分離。裸子植物を押し退けて、花をつける被子植物が徐々に大陸で勢力を拡げていった。そして4000万～2000万年前に南米が南極大陸から離れると、北からの暖かな海流が届かなくなり、南極大陸を取りまく冷たく大きな海流、南極海流が生まれた。温暖な気候も終わり、遅くとも今から3000万年前までに、大きな氷床ができて地表を覆っていった。それによって2億7000万年ぶりに、南極は氷の大陸へと変貌をとげたのである。その後、氷期と間氷期が繰り返す時代がやってきて、250万年前頃からは、ほぼ現在の氷床の形になった。現在は南極大陸の95%以上が、厚い氷に覆われている。

南極の4つの極点

南極大陸とは

南極大陸の面積は、周辺の棚氷を含めると1360万㎢。日本の面積の約37倍に及ぶ。平均標高は約2300mで、地球上の大陸の中でずば抜けた高さだ。世界最高峰エベレスト山で知られるヒマラヤがあるアジア大陸の平均標高が約900mといえば、南極大陸がいかに標高の高い大陸であるかわかるだろう。南極大陸は地球上で最も寒い場所であり、内陸のボストーク基地では、最低気温氷点下89.2度を記録している。大陸の95%以上が氷床に覆われ、その氷床の厚さの平均は、2450mである。

夏の間は、地軸の傾きにより24時間太陽が沈まない「白夜」という現象が起こる。それとは逆に、冬の間は太陽が一日中昇らない「極夜」の日々が続く。最も近い南米大陸とも約1000km離れており、地球上で唯一の孤立した大陸であることなども特徴の一つだ。

1997年1月、著者が乗り込んだ船は、ニュージーランド南島から出港し、一路南極をめざした。翌日には南極大陸のアデリーランドが見えてくる航路に就いていた。夕飯近くに船内放送が突然始まった。船長の声で「船はもうじき南極点を通過します」。著者は耳を疑った。「南極点（サウス・ポール）は大陸の真ん中あたりにあるはずでは?」同室のスイス人に慌てて尋ねたところ、「ここはサウス・マグネティック・ポール（南磁極）だ」と諭された。船長は続けて「ただいま通過している南磁極はさまよっていて、以前は陸上にあった」と話した。そのふしぎな現象に「南極は奥深い」と感動したことを覚えている。

「南極には4つも極点がある」と言われても、戸惑ってしまうことだろう。地球儀で北極点と南極点があることくらいは、誰でも知っているはずだ。1つ目はいわゆる地球の回転軸が地表に出る「南極点」で、南極点より南の地は存在しない。だが、南極にはまだ3個も極点があるのだ。2つ目は、磁石の南極で、磁石の針が垂直になる「南磁極」。1909年1月16日にイギリス隊のデビット、モーソン、マッケイによって、初めて発見され到達された。到達当時は南緯72度25分、東経155度16分の陸上にあったのだが、毎年10kmぐらいずつ北西方向に移動し、1965年には海上に移動していた。現在も海上をさまよっていて、ウィルクス・ランド近くを移動している。

3つ目は、「南磁軸極」。地球の中心に一本の棒磁石があると仮定する。そして地球上のいろいろな地点で地磁気の強さを測定し、地球全体の地磁気の分布に最もよく一致するデータから計算されたモデル極の位置、つまり棒磁石が示す計算上の南極の位置が南磁軸極。「地磁気南極」ともよぶ。南磁軸極の位置は、2005年には南緯79度44分、西経108度22分の位置にある。4つ目は「到達不可能極」または「到達困難極」とよばれる南極特有の極。到達不可能極とは南極大陸のどの海岸線からも、最も離れた地点と定義される。その地点は南緯82度、東経75度を中心とする一帯で、標高も4000mを超え、氷床の最も盛り上がった地帯だ。この氷床の高まりは、ここを中心に南緯77度、東経35度の北西方向と、南緯75度、東経100度の北東方向へとのびている。

最後の「到達不可能極」を除けば、その他の3つの南極はすべて日々移動しているのだ。

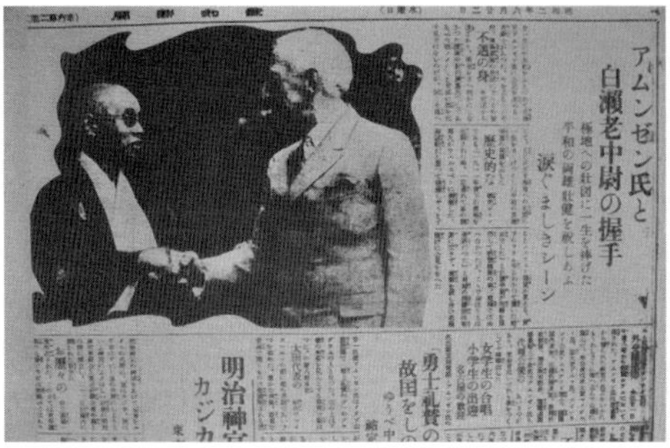
アムンゼン氏と
白瀬老中尉の握手
極地への壮図に一生を捧げた
涙ぐましきシーン

1927年6月22日　報知新聞で大きく
報じられたアムンセンと白瀬中尉の面会の場面。
協力／白瀬南極探検隊記念館　©読売新聞社

南極点をめざして

人類史上、最初に南極点をめざしたのは、1909年のイギリス・シャクルトン隊だ。残念ながら、南極点の180km手前で断念してしまった。その翌年から1912年にかけて、3つの探検隊がそれぞれ別々に南極のロス海に集まり、南極点をめざした。ノルウェーからアムンセン隊、イギリスからスコット隊、日本から白瀬隊である。3つの探検隊すべてがロス海にやってきたのは、おそらく地理的に海から南極点に最も近かったからだろう。

アムンセンは1910年8月、フラム号でノルウェーを出港した。隊員は当初、北極点調査のためと知らされていたが、大西洋のマディラ島に寄港した時、アムンセンはその目的を南極点到達に変更すると伝えた。同時に、イギリスのスコットにも電報で変更を知らせている。アムンセンは1911年1月9日南極に到着し、上陸地点として選んだ鯨湾に越冬基地を建設し、フラムハイムと名付けた。9人の隊員は冬ごもりの間に極点へのルートの開拓、116頭のイヌの訓練など、綿密な準備を整えた。1911年10月15日、アムンセンら5人は52頭のイヌに4台の橇を引かせフラムハイムを出発。12月14日15時、南極点を決定し、ノルウェーの国旗を掲げ、テントを張った。彼らは17日まで滞在し、極点の位置の決定に正確を期し、最終的にはテントから9km進んだ地点を「南極点」とした。1912年1月25日、一行は11頭のイヌとともに元気にフラムハイムに帰ってきた。弱ったイヌを食料としながら、全行程3000kmを98日間で走破した。

スコットは、1910年6月にテラノバ号でイギリスを出帆。1911年の1月4日、南極に到着した。ロス島のエバンス岬に小屋を建て、1月25日から、25人の隊員が19頭のウマ、30頭のイヌとともに越冬を始めた。物資補給のための調査旅行ばかりでなく、エンペラーペンギンの卵の採集をはじめとする、科学調査目的の旅も度重ねて行った。極点への探検を開始したのは1911年11月1日。翌年1月3日、スコット、ウィルソンら5人が最終メンバーとなり、準備したウマが役に立たなかったため、ほとんど人力で橇を引いて氷河を登り南極点をめざした。そして1月17日、アムンセンのテントを発見。アムンセンに遅れること34日で南極点に到達した。一行は19日まで滞在し、測量をし、極点を決め、帰途についたが、途中で猛吹雪に遭い全員が遭難死してしまう。3月29日付のスコットの日記には「もう書くことができない。最後にお願いがある。家族のことを頼む」と書き残されていた。ロス棚氷上の補給地点まで、わずか18kmだった。1912年11月12日、スコットらの遺体が氷上で発見された。

1968年、日本の第9次越冬隊が雪上車で向かい、日本人として初めて南極点に到達。

1990年、イタリアのメスナーとドイツのフックスが、初めて徒歩で南極点に到達。

1994年、ノルウェーのアーネセンが、女性として初めて単独で南極点に到達。

2012年2月、ベルギー人探検家ダンセクールとデルトゥールが、外部からの援助や動力式の道具を使わずに、主に風を利用した凧で74日で南極大陸5000km以上を横断し、世界記録を更新した。

1910年、出発前に装備をつけて記念撮影。
協力／白瀬南極探検隊記念館

白瀬中尉の南極

白瀬矗《ノブ》は日本人として初めて、南極に足跡を残した人物である。当初、白瀬は北極をめざしていたが、1909年4月、アメリカのピアリーが北極点に到達したことを知り、目標を南極探検へと切り替えた。1910年1月、白瀬は南極点征服を目的とした南極探検計画を政府に持ちかけたが、援助は交付されなかった。それでも白瀬は南極行きをあきらめず、募金で中古の木造帆船の漁船を購入して改造船をつくり、「開南丸」と命名した。日本が海外へ探検隊を派遣するというような経験をほとんどもたなかった時代のことである。

開南丸は、わずか18馬力ほどのエンジンを装備した、204tの小さな帆船だった。白瀬は公募で選ばれた26人の隊員を率いて開南丸に乗り込み、1910年11月29日、東京・芝浦を出港。1911年2月8日ニュージーランドのウェリントンに入港し、石炭や食糧を補給して11日に南極へと向かった。だが、南極が冬になりかけていたために、シドニー港に引き返した。

1911年11月19日、シドニー港を出航。1912年1月16日、南極ロス棚氷に接近し、棚氷上に上陸を果たした。1月20日、白瀬以下5人は28頭のイヌに2台の橇を引かせ、南極点へと出発。出発地点に張られたテントで、2人が白瀬隊の帰還を待つことになった。ブリザードの吹き荒れる氷原に苦闘しながらも、9日間で南へ282km走破し、1月28日を最南点として引き返した。帰りの行程は天候にも恵まれ、同じ行程をわずか3日で走りきり、1月31日、出発地点のテントに戻った。2月4日悪天候の中、全員無事に開南丸に帰還を果たす。海の氷結を恐れてすぐに出港を決断し、北に向かったが、イヌたちを南極に置き去りにする結果となった。白瀬隊は最南点である南緯80度05分、西経156度37分、標高305mの地点に日章旗を立て、その地点を中心に見える限りの氷原を「大和雪《ヤマトユキ》原《ハラ》」と命名した。

1912年6月20日、19ヵ月、4万8000kmの航海を終え、開南丸が東京の芝浦に戻ってきた。極点到達はならなかったが、全員無事に帰国し、東京での歓迎式には数万人が集まった。白瀬が大陸と信じた大和雪原が、実は海に張り出した棚氷の上だったとわかるのは、後のことだ。1933年11月、米国地学協会が「大和雪原」「開南湾」「大隈湾」を公認し、現在使用されている世界中の南極地図に、これらの名称が見てとれる。

帰国した白瀬を待っていたのは、多額の借金であった。大隈重信伯爵を会長とする南極探検後援会に寄せられた寄付金は、白瀬が帰国するまでにすべて消えていたのである。それによって、隊員たちへの給与も含め多額の負債を抱えることになった白瀬は、晩年まで全国を講演して歩き、ほぼ全額を返済するのに74歳までの歳月を費やした。そして1946年9月4日、敗戦による混乱の中、85年の生涯を閉じた。

2010年11月、白瀬が南極に出発してから100周年を迎え、さまざまなイベントが開かれた。2011年3月には「南極100年展」として白瀬隊の歴史と著者の南極写真が早稲田大学で展示された。8月には、白瀬の出身県である秋田県の県立美術館で、著者の写真展および高円宮妃久子殿下の児童書『氷山ルリの大航海』読み聞かせによる「白瀬・南極・環境企画展」が開催された。

ペンギン全19種

データ、生息状況

●キングペンギン

軽度懸念(IUCN2004〜2013年現在)
別名:オウサマペンギン
英名:King Penguin
学名:*Aptenodytes patagonicus*
体長:85〜95cm
体重:8.0〜16.1kg
寿命:飼育下での最高記録39年(更新中)
生息地:南緯46〜55度の間に点在する亜南極および南極域の島々で繁殖する。
生息数:1,638,000繁殖つがい(1998年)
1,070,800繁殖つがい(1993年)
生息状況:生息地の一つであるマックオリー島に、人間によって連れてこられたウサギがペンギンの生息の脅威となっている。温暖化によるエサの減少も危惧されている。

●エンペラーペンギン

準絶滅危惧種
(IUCN2012〜2013年現在)
別名:コウテイペンギン
英名:Emperor Penguin
学名:*Aptenodytes forsteri*
体長:100〜130cm
体重:24.7〜36.7kg
寿命:野生で15〜20年
生息地:繁殖は冬に南極大陸沿岸で始まる。繁殖が終わると南極大陸を離れて流氷海域で暮らす。
生息数:成鳥595,000羽(2012年)
195,400繁殖つがい(1990年)
生息状況:オゾンホール拡大による紫外線の増加で皮膚がんなどの病気が広まる可能性がある。温暖化によって海氷が減少し、エサであるオキアミなどの激減を招く可能性がある。さらに降雨が増えて、繁殖に悪影響をおよぼす可能性も指摘されている。南極基地が繁殖地に近かったり、航空機の往来が繁殖の妨げになっている場所もある。

●ジェンツーペンギン

準絶滅危惧種
(IUCN2004〜2013年現在)
別名:ゼンツーペンギン
英名:Gentoo Penguin
学名:*Pygoscelis papua*
体長:75〜90cm
体重:4.8〜7.9kg
寿命:野生の最高記録21年以上
生息地:南極半島から亜南極の島々で繁殖。三大繁殖地はフォークランド諸島、サウス・ジョージア、南極半島。
生息数:387,000繁殖つがい(2012年)
314,000繁殖つがい(1993年)
生息状況:フォークランド諸島では歴史的に卵の採取が行われている。さらに石油開発による生息環境の悪化が危惧されている。観光客による生息地訪問によって、繁殖率の低下がみられる。そして、海を行き来する船によって、沿岸近くでのエサ採りが妨害されたり、漁業とエサである魚の競合がエサ不足を生んだりしている。

●アデリーペンギン

準絶滅危惧種
(IUCN2004〜2013年現在)
別名:アデレーペンギン
英名:Adelie Penguin
学名:*Pygoscelis adeliae*
体長:約70cm
体重:3.8〜6.0kg
寿命:野生の最高記録20年
生息地:南極大陸をとりかこむ流氷帯の全域に分布する。繁殖は南極大陸や近くの島々で夏に行われる。
生息数:成鳥4,740,000羽(1993年、1997年)
生息状況:温暖化などによる気候変動が海氷の減少や降雨量の増大を招き、エサの減少につながっている。生息地での気候に変化がみられ、安定していたはずの気候が、たび重なる異常気象、例えば記録的な降雪などにみまわれ、繁殖が阻害されている。さらに繁殖地近くに南極基地があったり、航空機の往来が繁殖の妨げになったりしている。場所によっては、石油開発による汚染や漁業との競合が生存を脅かしている。

●チンストラップペンギン

軽度懸念(IUCN2004〜2013年現在)
別名:ヒゲペンギン
英名:Chinstrap Penguin
学名:*Pygoscelis antarctica*
体長:71〜76cm
体重:3.4〜4.9kg
寿命:野生の最高記録18年以上
生息地:繁殖コロニーは南極前線以南にあり、ほとんどが南大西洋と南極半島で繁殖している。
生息数:成鳥8,000,000羽
生息状況:漁業や気候変動によるエサ不足が心配されている。

●サウザンロックホッパーペンギン

絶滅危惧II類
(IUCN2008〜2013年現在)
別名:ミナミイワトビペンギン
(亜種ヒガシイワトビペンギンを含む)
英名:Southern Rockhopper Penguin
学名:*Eudyptes chrysocome*
体長:45〜58cm
体重:2.1〜4.2kg
寿命:約10年
生息地:南アメリカの一部、フォークランド諸島、プリンスエドワード諸島、マリオン諸島、ケルゲレン諸島、クロゼ諸島、ハード島、マックオリー島、キャンベル島、オークランド諸島、アンティポデス諸島に生息
生息数:1,230,000繁殖つがい(2010年)
生息状況:37年以上もの調査で、全体の生息数が34%にまで減少してきていることがわかった(2010年)。しかしながらその原因は、いまだ不透明な部分が多い。例えばキャンベル島の場合は、1942〜1986年の間に約1,500,000繁殖つがいが死に、島全体で94%ものペンギンが死滅してしまった。さらにフォークランド諸島では、1932〜2005年の間に全体の87%が死に絶えてしまった。マリオン島も含めいくつかの生息地で、同じような激減が確認されている。フォークランド諸島での2002〜2003年にかけての生息数の減少は、有毒な藻類が原因ではないかとみられている。また、石油を含めた海での開発や漁業の網やはえ縄による混獲や、エサである魚の競合などが大きな脅威となっている。近年、気候変動によるプランクトンやオキアミ、小魚の減少が心配されている。キャンベル島のように鳥コレラの感染も確認されている。かつて人間による卵の乱獲による減少があったが、現在でもカニ漁のエサとして、殺したペンギンを籠網に入れている地域もある。さらに、同じ海域に暮らす保護動物であるオットセイやアザラシが急激に増えて、ペンギンが食べられている地域がある。また、オットセイなどはペンギンと同じ魚を食べるので、エサの減少にも苦しんでいる。

●ノーザンロックホッパーペンギン

絶滅危惧IB類
(IUCN2008〜2013年現在)
別名:キタイワトビペンギン
英名:Northern Rockhopper Penguin
学名:*Eudyptes moseleyi*
体長:45〜58cm
体重:2.1〜4.2kg
寿命:約10年
生息地:南大西洋にあるトリスタン・ダ・クーニャグループ、ゴーフ島など7つの島に生息。さらにインド洋ではセント・ポール島、アムステルダム島などに生息。
生息数:265,000繁殖つがい
(2010年、2012年)
生息状況:37年以上にわたる調査で、全体の生息数が57%にまで減少してきていることがわかった(2010年)。ゴーフ島では1955〜2006年までの間に、全体の98%にあたる約2,000,000繁殖つがいが死んでいる。1870年代のトリスタン・ダ・クーニャには何十万もの繁殖つがいが生存していたが、1955年までに5,000つがいにまで激減してしまった。アムステルダム島とセント・ポール島も20世紀末までに、生息数が40%にまで減ってしまった。かつてトリスタン・ダ・クーニャで行われていた人間による卵の乱獲による減少があったが、現在は禁止されている。だが、ナイチンゲール島ではいまだに行われていて、減少の原因とみられている。さらにセント・ポール島やトリスタン・ダ・クーニャでは、カニ漁のエサとして、殺したペンギンを籠網に入れている地域もある。他には、外来種である野生化したブタやイヌが、ペンギンの卵を食べる深刻な事態がトリスタン・ダ・クーニャで起こっている。観光客による生息地訪問によって、繁殖率に影響している地域もある。さらに、イセエビ漁や流し網漁によって、ペンギンが網に捕らえられて溺死する、いわゆる混獲が頻繁に起こっている。さらに、同じ海域に暮らす保護動物であるオットセイや、人間によるイカ漁によってペンギンのエサとなる魚やイカが大量に採られてしまうので、エサの減少を招いている。
2011年、ナイチンゲール島沖で起こった貨物船による油流出事故によって、油がペンギンの繁殖地があるトリスタン・ダ・クーニャに流れついてしまった。また近年、気候変動によるプランクトンやオキアミ、小魚の減少が、深刻な事態を招くのではないかと心配されている。

●フィヨルドランドペンギン

絶滅危惧II類
(IUCN1994〜2013年現在)
別名:キマユペンギン
英名:Fiordland Penguin
学名:*Eudyptes pachyrhynchus*
体長:約55cm
体重:2.5〜4.9kg
寿命:10〜20年
生息地:ニュージーランド周辺の低温の温帯海域に分布する。
生息数:成鳥5,000〜6,000羽(1997年)。現在も減少している。
生息状況:近年、ニュージーランド固有種の鳥で絶滅危惧種であるウェカ(ニュージーランドクイナ)が、人間によってフィヨルドランドペンギンの生息地に放たれ、脅威となっている。ウェカはペンギンの卵とヒナを襲うようになってしまったのだ。歴史的にヨーロッパからの移民によって連れてこられた外来種のイヌやネコ、オコジョ、ネズミが野生化し、ペンギンを襲ったのが、生息数の激減を招いてきた。現在は、道路での交通事故や人間による生息地への侵入も問題となっている。イカ漁によってペンギンのエサとなるイカが大量に採られてしまい、エサの減少を招いている。また、フィヨルドランドペンギンの約1割が生息するジャクソンズ・ベイ地区に養殖場建設の計画があり、環境破壊が心配される。将来的に、温暖化などの気候変動による海の異変が食物連鎖のバランスを崩し、エサの減少を招くと危惧されている。

●スネアーズペンギン

絶滅危惧II類
(IUCN1994〜2013年現在)
別名:ハシブトペンギン
英名:Snares Penguin
学名:*Eudyptes robustus*
体長:51〜61cm
体重:2.5〜4.3kg
寿命:飼育下での最高記録20年
生息地:ニュージーランドの南方にあるスネアーズ島を唯一の繁殖地とする。
生息数:成鳥93,000羽(2010年)
生息状況:漁業や海の気候変動、海洋油汚染が生息地の脅威となっている。生息地であるスネアーズ島ではいまのところ、ほ乳類の外来種侵入は確認されていないが、将来的にもし侵入が起こったならば、壊滅的な脅威となりうるであろう。島の沖で行われている大規模なイカ漁は、ペンギンのエサであるイカの減少を招いている。さらに、同じ海域に暮らす保護動物であるオットセイやアザラシが増えていて、ペンギンが食べられている。温暖化が海の食物連鎖のバランスを崩していて、ペンギンのエサであるオキアミや魚、イカの減少が心配されている。

●エレクトクレステドペンギン

絶滅危惧IB類
(IUCN2000〜2013年現在)
別名:マユダチペンギン
英名:Erect-crested Penguin
学名:*Eudyptes sclateri*

体長:約67cm
体重:2.9〜7.0kg
寿命:15〜20年
生息地:ニュージーランド南東にあるバウンティ島とアンティポデス諸島で繁殖している。
生息数:成鳥130,000〜140,000羽(2012年)。若鳥も含めた全個体数195,000〜210,000羽(2012年)
生息状況:温暖化などの気候変動や漁業との競合が心配されている。繁殖地に親ペンギンを捕食するほ乳類はいない。だが、外来種であるネズミはすでにアンティポデス諸島に侵入している。卵やヒナへの影響が危惧される。

●マカロニペンギン

絶滅危惧II類
(IUCN2000〜2013年現在)
英名:Macaroni Penguin
学名:*Eudyptes chrysolophus*
体長:約71cm
体重:3.1〜6.4kg
寿命:8〜15年
生息地:亜南極と流氷帯の北の南極海域に生息している。主な繁殖地はクロゼ諸島、ハード島、マクドナルド島、ケルゲレン諸島、プリンスエドワード諸島、マリオン諸島、フォークランド諸島、サウス・ジョージア、サウス・サンドイッチ諸島、サウス・オークニー諸島、サウス・シェトランド諸島、ブーベ島で、例外的に数つがいが南極半島で繁殖している。
生息数:9,000,000繁殖つがい
生息状況:過去30年間で30〜65%の減少が起きている。温暖化によるエサの減少や漁業との競合が脅威となっている。病気による繁殖つがいの減少が、マリオン諸島で起こった。

●ロイヤルペンギン

絶滅危惧II類
(IUCN2000〜2013年現在)
英名:Royal Penguin
学名:*Eudyptes schlegeli*
体長:65〜75cm
体重:3.2〜8.1kg
寿命:15〜20年
生息地:マックオリー島と、それに隣接するビショップ島やクラーク島などの小島でのみ繁殖している。
生息数:851,000繁殖つがい(1984〜1985年調査)
生息状況:人間が島に連れてきたネズミが、ペンギンの卵やヒナを捕食している。また、研究者や旅行者による繁殖地への訪問が、ペンギンの繁殖率の低下を招いている。さらに、海洋に漂うプラスチックを食べて死んだペンギンも発見されている。生存を脅かしそうな最も大きな要因は、温暖化などの気候変動による食物連鎖の変化によって、エサであるオキアミや小魚、イカが減少することだろう。生息地がほぼマックオリー島だけに限定されているので、ペンギンに感染する病気が島にもたらされたなら、壊滅的な打撃を受ける可能性がある。

●イエローアイドペンギン

絶滅危惧IB類
(IUCN2000〜2013年現在)
別名:キガシラペンギン
英名:Yellow-eyed Penguin
学名:*Megadyptes antipodes*
体長:56〜78cm
体重:3.7〜8.5kg
寿命:約23年
生息地:ニュージーランド南島の南東部の海岸およびスチュアート島、ニュージーランド南方のキャンベル島、オークランド諸島などに生息している。
生息数:繁殖および非繁殖ペンギンの若鳥を加えた総個体数
5,100〜6,200羽(1993年)
5,930〜6,970羽(1988〜1989年調査)
生息状況:ニュージーランド南島に持ち込まれた外来種のフェレットやオコジョ、ネコ、オークランド島に持ち込まれたネコやブタが捕食動物となってペンギンを襲っている。スチュアート島では野生化したネコよりも、飢餓と病気のほうが、ヒナの生存率に打撃をあたえている。南島のオタゴ半島に生息するニュージーランドアシカは毎年、20〜30羽のペンギンを捕食している。生息数の減少は、鳥マラリアか生物毒素によっても起こる。他には、寄生するロイコチトゾーン原虫やバクテリアであるコリネバクテリウムによる感染症も報告されていて、脅威となっている。エサの減少は海水温の変化によっても起こり、漁業による減少も深刻な問題である。さらに、観光客による繁殖地への訪問もまた、繁殖率の低下を招き、魚網に絡まって溺死するケースや、数少ない繁殖地である森が山火事で焼失して命を落とすケースも、危惧されている。

●リトルペンギン

軽度懸念 (IUCN2004〜2013年現在)
別名:コガタペンギン
英名:Little Penguin

学名:*Eudyptula minor*
体長:40〜45cm
体重:1.0〜1.2kg
寿命:野生の最高記録17年
生息地:オーストラリア南部と、ニュージーランド周辺の海に生息している。
生息数:総個体数は未確認。ただし、オーストラリアに生息する個体数は1,000,000羽以下と見積もられている。
生息状況:歴史的に、先住民や移民してきたヨーロッパ人の食料として、ペンギンと卵が大量に採られた時代があった。1800年代には調理法として、ペンギンを調理する前3日間は水に浸けておくと肉が柔らかくなる、と解説されている。さらに、死骸を乾燥したものは燃料として利用されていた。またペンギン釜が登場して、ペンギンの脂肪層から脂を抽出した時代が20世紀前半まで続いた。そして、イセエビ漁師は籠網の中に入れるエサとして、ペンギンを好んで使った。このように人間によって搾取され続けてきたペンギンだが現在、さらなる脅威が起きている。死んだペンギンの胃袋からプラスチックが見つかったり、バス海峡を航行する船舶からの油の流出で、猛毒である石油や燃料油を飲み込んだり、体が油まみれになったりして救出されたたくさんのペンギンが報告された。さらに、大規模な刺し網や流し網、はえ縄に絡まって溺死するペンギンが後を絶たない。しかも漁業の発達は、ペンギンのエサであるオキアミやエビ、小魚、イカなどの減少を招いている。また、人間によって連れてこられた外来種であるイヌやネコ、ドブネズミがペンギンのコロニーを襲ってヒナや卵を採ってしまう。オーストラリアでは外来種のキツネも深刻な問題となっていて、ニュージーランドでは外来種のフェレットやオコジョがペンギンを食している。生息地が街に変わり、道路を渡って巣に通うペンギンがあたりまえのように見られるようになってしまった。そこで、たくさんのペンギンが交通事故の犠牲となってしまっている。夜に繁殖地に戻ってくる習性が、より事故を招く要因となっている。残念なことだが、心無い者が射撃の的としてペンギンを撃つという、痛ましい事件も報道された。生存を脅かすさらなる大きな要因は、温暖化などの気候変動による食物連鎖の変化によって、エサが激減することだろう。

●ホワイトフリッパードペンギン

絶滅危惧IB類(IUCN2002年現在)
別名:ハネジロペンギン
英名:White-flippered Penguin
学名:*Eudyptula albosignata*
体長:40〜45cm
体重:1.2〜1.3kg
寿命:約21年
生息地:ニュージーランド南島バンクス半島とモトナウ島。
生息数:4,000繁殖つがい(2009年)。内訳は、モトナウ島1,800つがいとバンクス半島2,200つがい。
生息状況:繁殖地が限られた小さな地域だけになっていることが、生存を危うくしている。人間によって連れてこられた外来種であるイヌやネコ、ネズミ3種がペンギンのコロニーを襲ってヒナや卵を採ってしまう。さらにフェレットやオコジョがペンギンを食している。また、魚網に絡まって溺死するペンギンがいる。漁業の発達や温暖化などの気候変動は、ペンギンのエサであるオキアミやカタクチイワシなどの小魚、イカなどの減少を招いている。

●マゼラニックペンギン

準絶滅危惧種
(IUCN2004〜2013年現在)
別名:マゼランペンギン
英名:Magellanic Penguin
学名:*Spheniscus magellanicus*
体長:約70cm
体重:4.0〜4.9kg
寿命:野生の最高記録18年
生息地:同属の他の3種にくらべて、より寒冷な気候に適応している。コロニーは、アルゼンチンのパタゴニア沿岸から南アメリカ大陸の先端部をまわって、南部チリ沿岸とフォークランド諸島にまで見られる。
生息数:1,300,000繁殖つがい。ほとんどがアルゼンチン沿岸域に生息し、その他はフォークランド諸島およびチリ沿岸域。
生息状況:主な脅威は海洋での油汚染とみられていて、徐々に改善されているとはいえ、それが原因でアルゼンチンでは毎年、20,000羽以上の親鳥と22,000羽以上の若鳥が死んでいる。さらに、フォークランド諸島沖で予定されている油田開発によって、将来ペンギンの死亡率が上がることが懸念され始めた。
アルゼンチン沖で拡大し続けるカタクチイワシ漁によって、ペンギンのエサでもあるカタクチイワシの減少が心配されている。また、チリではいまだに漁のエサとしてペンギンが使われており、場所によっては、卵を食用として採取するところがある。
はえ縄や刺し網などの魚網に絡まって溺死してしまう事も後を絶たない。繁殖地がいくら保護されていても、海でのこのような混獲が終わらない限り、ペンギンの数が増加に転じることは期待できないであろう。
人間と一緒に外来種として侵入してきたキツネやネズミ、ネコが、繁殖地で卵やヒナを襲っている。また、繁殖地を訪れる観光客の増加が、ペンギンの繁殖率を低下させるかもしれない。
近年多発している気候変動によって雨量が増え、巣穴が崩壊してヒナが死んでしまう事例もある。さらに雨量の増大は、ヒナの低体温症を招き死に追いやっている。

●アフリカンペンギン

絶滅危惧IB類
(IUCN2010〜2013年現在)
別名:ケープペンギン
英名:African Penguin
学名:*Spheniscus demersus*
体長:約70cm
体重:2.4〜4.0kg
寿命:約20年
生息地:アフリカ南部の沿岸海域だけに生息している。
生息数:総個体数75,000〜80,000羽(2008年、2009年)。親鳥総数52,000羽を含む。減少傾向にある。
生息状況:漁業の拡大と気候変動により、ケープタウンの西側にある島の繁殖地では、島周辺にいたはずのイワシやカタクチイワシが、東へ移動して、2002年以降、ペンギンの生息数が極端に減少してしまった。獲得できるエサの量とペンギンの生息数には、密接な相関関係がある。人間の生息地への訪問で巣穴が破壊されたり、食用に卵を採取する地域もある。
海洋の油汚染は深刻で、ペンギンの死亡率が上がっている。繁殖地近くに港の建設が計画されているが、もしそのまま建設が進んだ場合、ペンギンが船から流れでる油によって汚染されることから逃れるのは難しい。1994年と2000年に起きた船の座礁によって、30,000羽のペンギンが死んでしまった。懸命なる救助が地元や世界中から駆けつけたボランティアによってなされたが、体の油汚れだけでなく、飲み込んでしまった油は毒であり、体を衰弱させてしまった。救助からリハビリを終えるまでの期間に、巣で親鳥の帰りを待つヒナたちが飢えて死亡することが同時に起こった。
ペンギンの糞が堆積したグアノは、伝統的に良質の肥料として取り引きされ、グアノの大量採取は生息地の破壊を意味している。巣穴を破壊されてしかたなく野外で子育てをするケースが増えると、野外の直射日光にさらされて熱とストレスによって子育てを放棄する親鳥が増え、親を失った卵やヒナは雨にさらされて、死亡率が上がり、襲ってくる動物による被害も、格段に増えている。
ペンギンと同じく保護動物となっているケープオットセイが増えて、ペンギンを捕食するケースが頻繁に起きだした。ホオジロザメなどのサメがペンギンを食べていることも報告されている。
漁業による混獲で、多くの犠牲が予想され、温暖化などの気候変動によって近年多発している局地的な嵐が、繁殖地にも起きていることが報告された。
さらに、セグロカモメや野生化したネコが繁殖地にやってきてペンギンの卵やヒナを食べていることが知られている。

●フンボルトペンギン

絶滅危惧II類
(IUCN2000〜2013年現在)
英名:Humboldt Penguin
学名:*Spheniscus humboldti*
体長:約65cm
体重:4.5〜4.9kg
寿命:約20年
生息地:ペルーとチリの海岸、および沿岸の島々がペルー海流(フンボルト海流)に洗われる地域を、細長い帯状に、ほとんど独占して分布している。
生息数:総個体数3,300〜12,000羽(1999年)。減少傾向にある。
生息状況:大規模な刺し網や流し網、はえ縄に絡まって溺死していて、早急に対策を講じないと生息数の減少にはどめがかからない。しかも漁業の発達はペンギンのエサであるオキアミや、カタクチイワシ、エビ、イカなどの減少を招いている。特にカタクチイワシの捕り過ぎが、深刻な問題となっている。いまだに食用として密猟が横行し、ペットとしての需要で、違法な捕獲も続いている。さらに、漁民によって籠網のエサとしてペンギンが使われている地域があったり、ダイナマイトによる漁業で死亡するケースがあったりしている。また人間と一緒に外来種として侵入してきたキツネやネズミ、ネコが、繁殖地で卵やヒナを襲っている。チリ北部で建設されている2ヵ所の石炭火力発電所はペンギンの主要な繁殖地に近く、悪影響が心配されている。鉱山開発によって生息地や海の環境が汚染されたり、繁殖地を訪れる観光客の増加によって、ペンギンの繁殖率が低下している地域があるのも事実だ。
ペルーで行われているグアノ(ペンギンの糞)の大量採取によって、生息地の破壊が起きている。限られた生息地の破壊は、繁殖率の低下を招き、生息数の減少につながっている。
温暖化が影響をおよぼしている巨大化したエルニーニョ現象による環境変化に適応できず、生息数の減少が起きている。

●ガラパゴスペンギン

絶滅危惧IB類
(IUCN2000〜2013年現在)
英名:Galapagos Penguin
学名:*Spheniscus mendiculus*
体長:約53cm
体重:1.7〜2.5kg
寿命:野生の最高記録11年以上
主な生息地:ペンギン類の中で唯一熱帯海域に適応した種であり、気温が40度を超え、海面の水温が14〜29度近くにまで変化する赤道直下のガラパゴス諸島のみで繁殖する。
生息数:総個体数1,800羽(2005年)
生息状況:地球規模による気候変動で発生した巨大なエルニーニョによる影響で、ペンギンは壊滅的な打撃を被った。特に、1982〜1983年の長期におよんだエルニーニョは、ペンギン総個体数の77%を死滅させてしまった。その後、徐々に回復の兆しがあったにもかかわらず、1997〜1998年にかけて、再び巨大化したエルニーニョが発生し、全体の65%のペンギンを失うという大打撃を被ってしまった。現在は回復傾向にあるとはいえ、1982年より前に生息していた個体数の48%にしかすぎない。回復が遅い原因の一つに、海水温が下がってしまうラニーニャ現象が断続的にガラパゴスを襲ったことがあげられる。
これからもエルニーニョ現象発生の可能性が高く、さらに、病気の流行や海洋での油流出事故、外来動物による捕食もペンギンの絶滅が危惧される要因となっている。人間がガラパゴスに連れてきて野生化したネコは主要なペンギンの繁殖地に現れ、ペンギンの成鳥を食べるため、ペンギンの年間死亡率は49%になってしまった。また、ネコは寄生虫を媒介し、ペンギンがトキソプラズマ症に感染していることが確認された。1980年代にネッタイイエカがガラパゴスに到来し、その蚊は鳥マラリアを媒介するので、ペンギンが感染すると高い死亡率が認められ、新たな脅威となっている。さらにペンギンに寄生するプラスモディウム・ブラッド・パラサイトが最近、ガラパゴスで初めて発見された。
諸島の西部海域の海岸近くでの流し網漁や違法なエサをつけての刺し網漁で溺死してしまうペンギンが増えている。これから計画されているはえ縄漁も、ペンギンの溺死を招く可能性が高い。

ペンギンの体

海中を飛ぶように、自在に泳ぎ回ったり、
巧みに卵を抱くペンギンの体。

エンペラーペンギンの体

アデリーペンギンの尾腺（尾脂腺）

フィヨルドランドペンギンの冠羽

エンペラーペンギンの尾羽

アデリーペンギンの頭骨

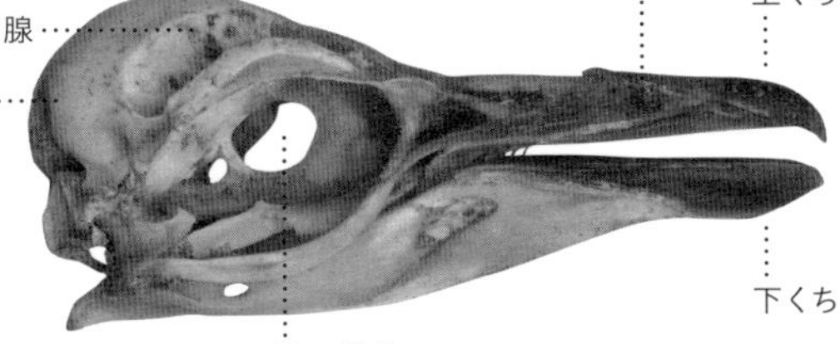

アデリーペンギンのヒナの体を覆っている幼綿羽

ペンギン関連用語

●亜南極

地球の南半球の地域の一つで、南極大陸の北にある。おおよそ南緯46〜60度のあたり。亜南極には島がたくさん存在しペンギンやアシカなど野生動物の楽園となっている。

●エルニーニョ現象

ペルーからガラパゴス諸島沖の冷たい海域に温かい海流が移動し、海水温が平年にくらべて高くなる現象。世界各地に異常気象をもたらす。

●塩類腺

海水を飲み、体内にたまった過剰な塩分を体の外に出す器官。頭部の両目の上にある。(P139「ペンギンの体」参照)

●海氷

海上にある氷。海水や河川から海に流れ込む淡水や汽水が凍結したり、氷河から流れ込んだりする。海岸に接している定着氷と、移動する流氷とがある。

●換羽

1年に1回、体中の羽毛が抜け換わること。

●クレイシ

5〜20羽ほどヒナが集まる、保育園のような集団。

●恍惚のディスプレイ

巣やなわばりが自分のものと宣言する、オスが行うメスへの求愛の行動。つがいが成立し、卵やヒナを育てる時に、巣でオスメス交替の際に行うしぐさを「相互恍惚ディスプレイ」とよぶ。

●国際自然保護連合

(International Union for Conservation of Nature and Natural Resources : IUCN) 1948年に設立された国際的な自然保護機関。絶滅の危機にある動物と植物の生息状況をまとめたレッドリストを作成している。

●国立極地研究所

南極大陸と北極圏に観測基地を擁し、極域での観測と科学研究を行っている日本の機関。

●コロニー

ある地域で暮らす同じ種類の動物、またはいくつかの種がまざりあった集団。

●混獲

漁業で使う網などで、目的以外の動物、例えば鳥、ウミガメ、イルカなどを捕ってしまうこと。

●体長

ペンギンの場合、立っている状態での頭の上までの長さ。

●大陸棚

海岸から水深200mくらいまでの海底。大部分は、大陸縁辺に連なり傾斜がゆるやか。

●棚氷

南極大陸周辺の海上に張り出している氷床。陸上の氷とひと続きになっている。

●トボガン滑り

ペンギンが腹ばいになり足で雪原をけって進むこと。

●バイオロギング

生物の背中などに小型のセンサーやカメラを取りつけて画像やデータを記録し、行動や生態を調査する研究手法。

●バラスト水

船を安定させるために船内にためる水。荷物を積んでいない船は不安定になるため、おもしとして使い、港で荷物を積む時に排出する。

●尾腺

尾羽の上にある。尾腺からくちばしで脂をうけて体中に塗り、体に塗った脂は防水と防寒の役目を果たす。(P139「ペンギンの体」参照)

●氷河

万年雪が氷となり、上層の積雪の圧力の増加につれて、周辺に氷が流れ出す。この流動する氷塊を氷河という。

●氷山

海に押し出された氷床や氷河が割れ、大氷塊となって流れ出したもの。

●氷床

5万㎢以上にわたり陸地を覆う氷塊。南極とグリーンランドに存在する。

●跗蹠

足の羽の生えていない部分。(P139「ペンギンの体」参照)

●ブリザード

吹雪を伴う冷たい強風。極地方の猛吹雪。

●抱卵斑・抱卵嚢

産卵と同時に、下腹部にある羽毛が抜け落ちて皮膚の裸出部が現れてくる。その皮膚の部分を抱卵斑とよび、たくさんの毛細血管で暖かくなっている。卵を抱く抱卵斑を中心に、卵を包むだぶついた羽毛全体を抱卵嚢とよんでいる。(P139「ペンギンの体」参照)

●幼綿羽

ヒナの頃の柔らかくふわふわした羽毛。

●乱獲

動物や魚を必要以上に捕ること。

●ルッカリー

数十万以上のペンギンの巣が集まっている大規模なコロニーのこと。

●若鳥

巣立ちはしたが、まだ繁殖能力がなく、成鳥になりきっていない時期の鳥のこと。

参考文献

〈参考文献〉

•朝日新聞社事業本部（編）（2006）『日本南極観測50周年記念　ふしぎ大陸南極展2006』図録　朝日新聞社

•池田まき子　（2010）『まぼろしの大陸へ　白瀬中尉南極探検物語』　岩崎書店

•上田一生　（1998）『ペンギン図鑑』　文溪堂

•神沼克伊　（1983）『南極情報101』　岩波書店

•神沼克伊　（2007）『旅する南極大陸』　三五館

•国立極地研究所（編）（1990）『南極科学館』古今書院

•佐藤克文　（2007）『ペンギンもクジラも秒速2メートルで泳ぐ』　光文社

•ジョン・スパークス&トニー・ソーパー（著）　青柳昌宏・上田一生（訳）（1995）『ペンギンになった不思議な鳥』　どうぶつ社

•デイビッド・サロモン（著）　出原速夫・菱沼裕子（訳）（2013）『ペンギン・ペディア』　河出書房新社

•南極探検後援会　（1984）『南極記〈復刻〉』白瀬南極探検隊を偲ぶ会

•内藤靖彦（監）（2001）『極地の哺乳類・鳥類』桜桃書房

•藤原幸一　（2002）『ペンギンガイドブック』阪急コミュニケーションズ

•藤原幸一　（2002）『The Antarctic Ocean』桜桃書房

•ポーリン・ライリー（著）　青柳昌宏（訳）（1997）『ペンギンハンドブック』　どうぶつ社

•BirdLife International.（2010）. *Rockhopper Penguins: a plan for research and conservation action to investigate and address population changes.* Proceedings of an International Workshop, Edinburgh, 3-5 June 2008.

•Clarke,J.,Manly,B.,Kerry,K.,Gardner,H.,Franchi,E.,Corsolim,S., and Focardi,S.（1998）. *Sex Differences in Adelie Penguin Foraging Strategies.* Polar Biology 20:248-258.

•Higham,TIM.edited,（1991）. *NEW ZEALAND's SUBANTARCTIC ISLANDS A GUIDE BOOK.* CONSERVATION TE PAPA ATAWHAI.

•Love,J,（1994）. *Penguins.* Whitter Books Ltd. UK.

•Sato,Naito,Niizuma,Watanuki,Charrassin,Bost,Handrich,Le Maho.（2002）. *Buoyancy and maximal diving depth in penguins: do they control inhaling air volume?* Journal of Experimental Biology 205:1189-1197.

•Sato,Watanuki,Takahashi,Miller,Tanaka,Kawabe,Ponganis,Handrich,Akamatsu,Watanabe,Mitani,Costa,Bost,Aoki,Amano,Trathan,Shapiro,Naito.（2007）*Stroke frequency, but not swimming speed, is related to body size in free-ranging seabirds, pinnipeds and cetaceans.* Proceedings of the Royal Society London B 274:471-477.

•Stahel,C.and Gales,R.（1987）. *Little penguin. Fairy penguins in Australia.* University of New South Wales Press. Australia.

•Tierney,M.,Emmerson,L., and Hindell,M.（2009）. *Temporal Variation in Adelie Penguin Diet at echervaise Island, East Antarctica and its Relationship to Reproductive Performance.* Marine Biology. 156:1633-1645.

•Williams,T.D.（1995）. *The Penguins. Bird Families of the World.* Oxford University Press, UK.

〈参考web〉

•AFP通信　http://www.afpbb.com/

•CENTER for BIOLOGICAL DIVERSITY
http://www.biologicaldiversity.org/

•CNN　http://www.cnn.com/

•伊豆急行株式会社
http://www.izukyu.co.jp/

•伊勢志摩国立公園
http://www.city.shima.mie.jp/kanko/

•Journal of Vertebrate Paleontology
http://www.bioone.org/loi/vrpa

•葛西臨海水族園
http://www.tokyo-zoo.net/zoo/kasai/

•川崎市立夢見ヶ崎動物公園
http://www.misatosys.com/YumeZoo.html

•環境省　南極の自然と環境保護
http://www.env.go.jp/nature/nankyoku/kankyohogo/kankyou_hogo/kichouna_shizen/index.html

•北九州市立いのちのたび博物館[自然史・歴史博物館]
http://www.kmnh.jp/

•共同通信社　http://www.kyodo.co.jp/

•国際自然保護連合
The IUCN Red List of Threatened Species.
http://www.iucnredlist.org/

•国立極地研究所　http://www.nipr.ac.jp/

•佐藤克文（東京大学海洋研究所）国際沿岸海洋研究センター　佐藤克文研究室
http://www.icrc.aori.u-tokyo.ac.jp/kSatoHP/

•白瀬南極探検隊記念館
http://hyper.city.nikaho.akita.jp/shirase/page3-1.html

•ナショナル ジオグラフィック
http://www.nationalgeographic.co.jp/

•英科学誌ネイチャー（電子版）
http://www.natureasia.com/ja-jp/

•日経新聞　http://www.nikkei.com/

•日本バイオロギング研究会
http://bre.soc.i.kyoto-u.ac.jp/bls/

•毎日新聞　http://mainichi.jp/

•村田浩一特別講演
http://yamada-t.sakura.ne.jp/pdfshelf.php?key=%E9%B3%A5%E3%83%9E%E3%83%A9%E3%83%AA%E3%82%A2

•米科学アカデミー紀要（電子版）
http://www.pnas.org/

•米科学誌『PLOS ONE』（電子版）
http://www.plosone.org/home.action

•ロイター　http://jp.reuters.com/news

献辞
Dedication

To the memory of my parents, Fujiwara Setsu and Fujiwara Shigeo who said when I was a child,
'The earth does not belong to man. Man belongs to the earth. All things including living things are all connected and unite us all. '

謝辞
Acknowledgements

I would like to acknowledge the generous assistance of the following people and organizations in the preparation of this book:
Arii Miyuki, Aurora Expeditions, Australian Antarctic Division, Cape Peninsula National Park, Charles Darwin Foundation, Coastcare Tasmania, Mauricio Cobo, Colegio Nacional Galapagos, Lloyd Davis, Eco Quest Japan, Embassy of the Republic of Argentine, Embassy of the Republic of Ecuador, Galacaminos Travel South America, Janet Hughes, Ito Shuzo, Kagiwada Michio, Komiya Miyuki, Desi Maddock-Meier, Maritime Museum of Ushuaia, Mawson Station Australian Antarctic Division, Haward McGrouther, Estelle Van Der Merive, Minewaki Hideki, Greg Mortimer, Mukoyama Kanako, Nakamura Ikuo, National Museum of Australia, Jack Nelson, NHK, NTV Japan, Okamoto Izumi, Parque Nacional Galapagos Ecuador, Penguin Place New Zealand, Roy Powell, Quark Expeditions, Graham Robertson, Sagimori Yuko, SANCCOB South Africa, Lady Scott, Scuba Iguana Galapagos, Shimizu Hoshito, The Shirase Antarctic Expedition Memorial Museum, SONY Japan, Southern Heritage Expeditions New Zealand, Edgar Spänhauer, Suzuki Takeshi, TBS Japan, Torii Michiyoshi, Carlos Pedro Vairo, William Walker, Margaret Werner, Wilderness Lodge New Zealand, Wildfowl and Wetlands Trust UK, Yamaguchi Junko.

I wish to thank you the following for the contributions of their time and talents towards the realization of this book:
César García Esponda, Fiona M. Hunter, Guillermo Luna and Tony Williams for giving this book the benefit of their comprehensive and profound knowledgeability in the field of Penguin Biology.
Designed by Sakurai Design inc. for their enthusiasm for Penguins and artistic integrity.
I also wish to thank an editor, Shimamura Rima for her fine sense of quality with patience and passion, and Kodansha Ltd. for bringing this book into print.

藤原幸一 ふじわら・こういち

生物ジャーナリスト。
ネイチャーズ・プラネット代表。ガラパゴス自然保護基金（GCFJ）代表。学習院女子大学非常勤講師。秋田県生まれ。日本とオーストラリアの大学・大学院で生物学を専攻し、グレート・バリアー・リーフにあるリザード・アイランド海洋研究所で研究生活を送る。その後、野生生物の生態や環境問題に視点をおいた生物ジャーナリストとして南極、北極、アフリカなど世界中で取材を続けている。1990年代中頃から南極圏を14回訪ね、1ヵ月以上の南極大陸基地滞在も2度経験している。日本テレビ『天才!志村どうぶつ園』監修や、『動物惑星』ナビゲーター、『世界一受けたい授業』生物先生のほか、TBS『情熱大陸』、NHK『視点・論点』『NHKアーカイブス』等に出演。
著書は『南極がこわれる』『マダガスカルがこわれる』『ペンギンの歩く街』（以上、ポプラ社）、『地球の声がきこえる』（講談社）、『ペンギン物語』（データハウス）、『ペンギンガイドブック』（阪急コミュニケーションズ）、『だ〜れだ?』（新日本出版社）、『森の声がきこえますか』（PHP研究所）、『ちいさな鳥の地球たび』『ガラパゴスに木を植える』（以上、岩崎書店）など多数。
NATURE's PLANET
http://www.natures-planet.com/

PENGUINS《ペンギンズ》
地球《ちきゅう》にすむユニークな全《ぜん》19種《しゅ》

発行日　2013年12月19日　第1刷発行

著者　藤《ふじ》原《わら》幸《こう》一《いち》
発行者　鈴木 哲
発行所　株式会社 講談社
〒112-8001 東京都文京区音羽2-12-21
電話／編集部 03-5395-3529
販売部 03-5395-3622
業務部 03-5395-3615
印刷所　大日本印刷株式会社
製本所　大口製本印刷株式会社

アートディレクション　櫻井 久
デザイン　中川あゆみ（櫻井事務所）
編集協力　有井美如、峰脇英樹
ペンギンイラスト（P2、129）　有井美如、藤原幸一

ISBN978-4-06-217119-9